Typenkompass

Hanns-Peter Baron Thyssen-Bornemissza

Deutsche Kleinwagen

1945–1974

Typenkompass

Hanns-Peter Baron Thyssen-Bornemissza

Deutsche Kleinwagen

1945–1974

Motor
buch
Verlag

Einbandgestaltung: Luis dos Santos.

Bildnachweis:
Alle Bilder stammen, falls nicht anders angegeben, aus den Foto-Quellen, die auf Seite 8 aufgeführt werden.

ISBN 978-3-613-03463-1

1. Auflage 2012

Sie finden uns im Internet unter
www.motorbuch-verlag.de

Lektorat: Joachim Köster
Innengestaltung: Bernd Peter
Druck und Bindung: Kessler Druck und Medien, 86399 Bobingen
Printed in Germany

Inhalt

Einleitung

Als der Zweite Weltkrieg endete, die Geschosse schwiegen, die Panzer stoppten, war Deutschland total zerstört. Nun bestimmten die amerikanischen, die englischen und französischen Besatzungssoldaten, wie das Chaos zu regieren sei. Schon 1944 hatte der Staatssekretär im amerikanischen Schatzministerium, Henry Morgenthau jr., einen Plan entwickelt, was aus dem besiegten Deutschland werden könne. Danach müsse das kriegerische Volk wieder auf den industriellen Stand des Krisenjahres 1932 zurückgefahren werden. »Deutschlands Weg zum Frieden führt zum Bauernhof«, hieß die Devise. Alle industriellen Erfolge der 30er Jahre, so hieß es im Morgenthau-Plan, müssten wieder rückgängig gemacht werden. Dies, so bestimmte es der Reparationsplan, solle mit Schleifungen und Demontagen geschehen. Und so geschah es auch in den ersten Monaten des Jahres 1946. Bei BMW – zum Beispiel – wurden die Überreste von Werkshallen dem Erdboden gleichgemacht. Wo Kriegsbomben keinen Schaden angerichtet hatten, wurde abgebaut: bei Opel in Rüsselsheim – zum Beispiel – wurde die komplette Fertigungsstraße des Opel Kadett abgebaut, auf Eisenbahnwaggons verladen und nach Russland geschafft. Dort entstand der Kadett dann als Moskvitch wieder. Entwicklungsländer – wie etwa Indien oder Korea – durften Kommissionen schicken, die Ausschau nach verwertbarem Gut hielten. Der indischen Delegation wurde eine Wasserhebeanlage zugesprochen, die aber nicht – wie die Beschenkten glaubten – ganze Schiffe anhob.

Die Deutschen selbst lebten im Elend. Sie wohnten in Ruinen, litten Hunger, waren heimatlos und Arbeit gab es ohnehin nicht. Die legal zur Verteilung kommende Produktion ermöglichte demnach folgende Leistung für jeden Deutschen:

Alle 18 Jahre ein neues Hemd.
Alle 29 Jahre ein paar Schuhe.
Alle 98 Jahre einen neuen Anzug.

Das Bauen von Automobilen war strengstens verboten, ohnehin stand Treibstoff nur den Besatzern zu. Die einzigen, die etwas Gunst vom Staat erhoffen durften, waren die 1,7 Millionen Kriegsinvaliden allein in den Westzonen. Menschen, die im Krieg körperliche Schäden davongetragen hatten – oft keine Arme und Beine mehr hatten. Wer ihr Dahinsiechen etwas erleichterte, erfuhr auch etwas vom Wohlwollen der Militärs. Schon Mitte 1946 hatte der Stuttgarter Autokonstrukteur Arthur Hurst einen Gebrauchsmusterschutz auf ein Invalidenfahrzeug beantragt. In Regensburg dachte der ehemalige Messerschmitt-Konstrukteur Fritz Fend an Fahrzeuge für Invaliden. Und in Vlotho an der Weser produzierte Meyra Krankenfahrstühle. Anfangs waren es meist nur primitive Rollbretter, auf denen Beinamputierte sich mit Stöcken fortbewegen konnten. Danach kamen raffiniertere Mechanismen auf; Fritz Fend bastelte an einem Fuß-Pendel-Antrieb, später an einem Hebel, der nach Art der Holländer-Kinderroller vor- und zurückgedrückt werden musste. All diese Versuche wurden auch geduldet.

Die etablierten Autobauer räumten derweil Schutt beiseite, ordneten in dem Chaos ihre Anlagen, suchten ihre Fachkräfte wieder zusammen. Lediglich das VW-Werk produzierte schon wieder – wenn auch nur fürs Militär. Allmählich, ganz allmählich ging es wieder etwas aufwärts. 1947 wurde der Bau von 60-cm^3-Motorräder wieder gestattet. Und einzelne Motorradmotoren fanden ihren Weg in eben jene primitiven Invalidenvehikel, die dann nicht nur Invaliden zum Kauf angeboten wurden. Mit der Währungsreform am 1. Juli 1948 kam der nächste Schub. Plötzlich gab es besseres Material zu kaufen, die Schaufenster quollen über vor Waren. Die Besatzer und der neue Wirtschaftsminister Ludwig Erhardt lockerten die Zügel weiter. Die großen Autofabriken ließen das Fließband wieder rollen, doch nur die wenigsten Deutschen konnten sich ein richtiges Automobil – fast alles Modelle aus der Vorkriegsproduktion – leisten. Schon die Anschaffung und der Unterhalt des beliebten Volkswagens war für die meisten unerreichbar. Unterhalb dieser Firmen entwickelten sich kleine Betriebe, die mit einfachsten Mitteln Klein- und Kleinstwagen bauten – oft in handwerklicher Arbeit, wie etwa Kleinschnittger in Arnsberg oder der Elektromaschinenbau Fulda. Viele Techniker bauten sich zum Eigenbedarf ein Fortbewegungsmittel, in der Hoffnung, hernach einen Produzenten zu finden, der ihr Auto in Lizenz fertigt.

Doch das Gros der Deutschen konnte sich allenfalls ein Motorrad leisten, die Zweirad-Industrie machte ab 1950 gute Geschäfte.

Der Traum vom verkleideten Motorrad fand allerdings in Italien zur Realität: die ehemalige Flugzeugfabrik Piaggio brachte 1949 die Vespa, den Motorroller, der zumindest den Unterkörper vor Fahrtwind und -wetter schützte. Der Motorroller fand auch in Deutschland schnelle Verbreitung. NSU sprach bei seinem Motorroller Lambretta vom »Autoroller«, ein Begriff der zeigt, dass es ein Stückchen weiter zum Auto ging. Der eiskalte Winter Anfang der 50er Jahre kühlte das Verhältnis zum Zweirad weiter ab. Die kleinen Handwerksbetriebe, die Kleinautos bauten, hatten Hochkonjunktur und drangen – wie Lloyd – in die Gefilde der Etablierten vor, die unterhalb des Volkswagens nichts boten. Die Zweiradfirmen andererseits erlebten durch die kalten Winter drastische Verkaufseinbrüche, was sie nun unter Zeitdruck dazu bewog, Kleinwagen anzubieten. Wenn auch nur solche mit drei Rädern. Der Kroboth Allwetterroller bezeichnete mit seinem Namen die Situation. Ein Roller für jedes Wetter. Mehr konnte es nicht sein.

Doch mit steigendem Wohlstand stiegen auch die Ansprüche. Weil das Dreirad doch leicht kippte, musste es um 1955 ein Vierrad sein. Der Übergang war die Isetta, die zwar hinten eine schmale Spur hatte, aber immerhin vier Räder. Doch der Kunde verlangte keine eigenständigen Konzepte, er wollte eine Mini-Ausgabe richtiger Autos – mit Bug vorn, mit vier Sitzen und einem richtigen Heck. Eine Storchschnabelverkleinerung richtiger großer Autos. Der Verkaufserfolg des Lloyd und des Goggomobils – um 1955 – kam nicht von ungefähr und machte klar, die Zeit der Bastler und Handwerksbetriebe war vorbei. BMW baute damals die italienische Iso Isetta in Lizenz und zeigte den Trend auf: Jetzt nahmen sich die großen Firmen des Themas an. Der Volkswagen war zwar nicht mehr modisch, aber VW senkte jedes Jahr die Preise und machte damit den Kleinstbetrieben den Garaus. Die Auto Union (DKW) fühlte sich dennoch stark genug, gegen VW anzutreten. Lloyd war vom kleinen Handwerksbetrieb zum starken Konkurrenten aufgestiegen. Aber auch viele Motorradfabriken gingen nun mit intelligenten Kleinstwagen an den Start: Zündapp mit dem Janus, zum Beispiel. Kleinwagen, wenn sie Erfolg hatten, wurden nun schon industriell in größeren Serien produziert.

Ende der 50er, Anfang der 60er Jahre waren die Deutschen schon so wohlhabend, dass der VW – bis dahin der Mittelklasse zugerechnet – nun als erschwinglicher haltbarer Kleinwagen angesehen wurde. Opel stieg mit dem Kadett ins Kleinwagen-Geschäft, Ford mit dem Taunus 12 M. Die typischen Kleinwagenfirmen hatten gegen diese Übermacht keine Chancen. Sie gaben den Kleinwagenbau auf, widmeten sich anderen Branchen oder schlüpften – wie im Falle Glas – unters Dach eines Größeren. Als einzige treue Kundschaft erwies sich die Führerschein-Klasse-4-Gesellschaft. Menschen, die vor dem 1. Juli 1954 ihre Fahrlizenz erwarben. Für sie genügte es damals, einen Fragebogen auszufüllen, um die Fahrprüfung zu bestehen. Der Klasse-4-Führerschein galt nicht nur für Zweiräder, sondern auch für Autos bis 250 cm^3. Für die technisch wenig versierten Besitzer, die in den 50ern noch reiche Auswahl an 250-cm^3-Autos hatten, verringerte sich die Auswahl in den 60ern. So kam es aber, dass sie dem Goggomobil bis 1969 treu blieben und es noch einen Nachfolger gab, den AWS Shopper. Hernach war der Kleinwagen out. Die Kundschaft strebte zum Mittelklasse-Wagen.

Erst die Ölkrise der 70er Jahre ließ das Thema Kleinwagen wieder aufkommen. Damals gab es Versuche, gegenzusteuern gegen die verstopften Städte, die hohen Benzinpreise. Es entwickelten sich vor allem in Frankreich und Italien neue Marken, die unterhalb etablierter Autos sogenannte Mini-Minis oder Mikro-Cars bauten (Ligier, Dupont, Williams, etc.). Diese meist technisch einfachen Vehikel mit Kunststoff-Aufbauten werden – vor allem in der Schweiz – dazu hergenommen, alternative Kleinstwagen zu entwickeln, angetrieben mit Strom oder mit Solarenergie. Und damit erfüllt der Kleinwagen, der schon ausgestorben schien, eine neue, wichtige Rolle für die Zukunft.

Dieses Buch soll an die Kleinstwagen der 50er und 60er Jahre erinnern, ihre Daten und Eigenheiten festhalten.

Literatur- und Foto-Quellen:

- Hanns-Peter Rosellen
  »Deutsche Kleinwagen nach 1945 – Geliebt, gelobt, vergessen«, Bleicher-Verlag, Motorbuch-Verlag, 1977.
- Hans W. Mayer
  »Lloyd – Vom Elektromobil zur Arabella« – Motorbuch-Verlag 1989.
- Hanns-Peter von Thyssen-Bornemissza
  »Europäische Kleinwagen« Band 1 (1945 bis 1955) und Band 2 (1956 bis 1965), Rabenstein-Verlag, Wiesbaden, 1989 und 1996.
- Motorkatalog »Mopeds, Roller, Kleinwagen«, 1959, Gilde-Verlag, H. G. Dobler, Alfeld/Leine.

Albrecht-FA-Roller

Die Firma Friedrich Albrecht in Berlin brachte 1950 den Cabrio-Roller heraus. Entwickelt anfangs als Invalidenfahrzeug wurde es auch Kleinwagen-Interessenten angeboten. Ein 2,56 Meter kurzes Dreirad mit vorderem Einzelrad und 175-cm³-Einzylinder-Motor von Fichtel & Sachs. Der Motor hing an der rechten Seite außen und gab seine Kraft über eine Kette an das rechte Hinterrad. Schon damals besaß der Albrecht-Wagen serienmäßig einen elektrischen Anlasser. Außerdem war er mit einem Klappverdeck und zwei Sitzen ausgerüstet. Nach etwa 20 Exemplaren schloss der Berliner Fahrzeugbau mit seinem handwerklichen Produkt seine Tore wieder.

Modell	Albrecht-FA-Roller
Bauzeit	Mai 1950–Okt. 1951
Karosserie	Cabrio-Roller, 2 Sitze
Motor	luft-/gebläsegek. Einzyl.-Zweitakt
Bohrung/Hub/Hubr.	–/– mm/175 cm³
Leistung	–
Max. Drehmoment	–
Kraftübertragung	Viergang-Getriebe, Ratschenschalt. ohne Rückwärtsgang
Fahrwerk	Stahlrohrrahmen, vo. Einzelrad an Schwinggabel, hydraul. gedämpftes Federbein, Hinterräder an »Schwingmetall-Drehschubf.«
Bremsen	mech. Trommelbr. (Hinterräder)
Lenkung	Spindellenkung
L x B x H	2560 x 1360 x 1420 mm
Radstand	–
Spurweite v/h	–
Leer-/ zuläss. Ges.-Gewicht	–
Verbrauch	3,5 l/100 km
Höchstgeschwind.	60 km/h
Preis	–
Produktionszahlen	Etwa 20 Stück

AWS PICOLLO

Walter Schätzle aus dem hessischen Oberbessingen war Borgward-Händler. Als die Borgward-Werke in Konkurs rutschten, plagten ihn Gewissensbisse gegenüber seiner Kundschaft wegen der Ersatzteil-Lieferung. Kurzentschlossen begann er, für Borgward-Autos Ersatzteile herzustellen. Das Geschäft lief gut und als BMW die Marke Glas übernahm, stellte sich wieder das Problem der Ersatzteil-Lieferung. Bald hatte Walter Schätzles Werk 120 Beschäftigte. Es kam nun sogar der Gedanke auf, das Goggomobil T 250 wieder komplett in Serie zu bauen. Aus diesem Gedanken heraus entwickelte Schätzle den Picollo, ein Van-ähnliches Fahrzeug aus 0,8 mm feuerverzinkten und mit Kunststoff beschichteten Blechen, das auf ein Original-Goggomobil-Chassis montiert wurde. Das Auto bestand aus Formstücken, die sich am Ende von Vierkantrohren zusammenstecken ließen. Als Abschreibungsobjekt wurde in Berlin eine Fabrik gebaut, der Picollo zum »Shopper« umgetauft. Die – durch die Ölkrise – rapide absinkenden Auto-Verkäufe machten dem Shopper den Garaus.

Modell	AWS Picollo; ab 1973: AWS Shopper
Bauzeit	Juni 1970–Juli 1974
Karosserie	Lim./Cabr., 4 Sitze
Motor	luft/gebläsegek. Zweizyl.-Zweitakt
Bohrung/Hub/Hubr.	53/56 mm/247 cm^3
Leistung	13,6 DIN-PS bei 5400 U/min
Max. Drehmoment	2,02 mkp bei 4400 U/min
Kraftübertragung	Viergang-Gertriebe mit Klauenschaltung
Fahrwerk	Zentralrohr-Rahmen m. Querträger: Vierkant-Rohr-Konstr. m. kunststoffbesch. Stahlblech-Verkl., vo. Schwingachse, hi. Pendelachse , vo. u. hi. hydr. Teleskopstoßd.
Bremsen	hydraul. Vierrad-Trommelbr.
Lenkung	Zahnstangenl.
L x B x H	2890 x 1380 x 1320 mm
Radstand	1800 mm
Spurweite v/h	1090/1090 mm
Leer-/ zuläss. Ges.-Gewicht	415/720 kg
Verbrauch	4,4 l/100 km
Höchstgeschwind.	80 km/h
Preis	5.495 DM
Produktionszahlen	Piccolo: Oberbessingen 72 Stück Shopper: Berlin ca. 1.700 Stück.

Auto Union DKW STM II/III

Die Auto Union plante mit dem STM ein Fahrzeug, das nicht mehr kosten sollte als ein Motorrad mit Beiwagen. Unter dem Motorrad-Konstrukteur Görke entstand ein vierrädriges, rundliches Coupé mit zwei großen Seitentüren. Auf der Sitzbank saß der Fahrer in der Mitte, rechts und links neben ihm je ein Passagier. Der STM III war als Viersitzer mit zwei Sitzbänken ausgelegt. Die Karosserie bestand aus Kunststoff und knüpfte an die Erfahrung an, welche die alte Auto Union schon vor dem Krieg mit Kunststoff als Stahlblech-Ersatz gemacht hatte. Am 1. August 1956 nahm die Auto Union die Vorform-Maschine zur Herstellung von Kunststoff-Teilen – die größte der Welt – in Betrieb. Kurze Zeit später erhielt die Auto Union eine neue Geschäftsleitung, die das STM-Projekt stoppte. Dem neuen Entwicklungschef Dr. William Werner war das Risiko, ein neues Auto mit einem noch nicht erprobten Werkstoff in Großserie herauszubringen, zu hoch. Er setzte auf den DKW 660.

Modell	DKW STM II/III
Bauzeit	1. März 1955–1. Aug. 1956
Karosserie	Lim., 3 Sitze (II), Coup. 4 Sitze (III)
Motor	wassergek. Zweizyl.-Zweitakt
Bohrung/Hub/Hubr.	–
Leistung	–
Max. Drehmoment	–
Kraftübertragung	Dreigang-Getriebe
Fahrwerk	Rohrrahmen-Chassis, aufgeschraub. Polyester-Glasfaser-Kaross., vo. Querblattf., Querl., hi. Pendelachse , vo. u. hi. hydr. Teleskopstoßd.
Bremsen	mech. Vierrad-Trommelbr.
Lenkung	Zahnstangenl.
L x B x H	–
Radstand	–
Spurweite v/h	–
Leer-/ zuläss. Ges.-Gewicht	–
Verbrauch	4,5 l/100 km
Höchstgeschwind.	80 km/h
Preis	–
Produktionszahlen	ca. 50 Stück. (Vorserie)

Auto Union DKW 600/Junior/ de Luxe

Modell	DKW 600/Junior
Bauzeit	Sept. 1959–Dez. 1962
Karosserie	Lim., 4 Sitze.
Motor	wassergek. Dreizyl.-Zweitakt
Bohrung/Hub/Hubr.	68/68 mm/741 cm^3
Leistung	34 DIN-PS bei 4300 U/min
Max. Drehmoment	6,5 mkp bei 2500 U/min
Kraftübertragung	vollsynchron. Viergang-Getr.
Fahrwerk	Kastenrahmen, Stahlblechk. verschw., vo. Dreieckquerl., hi. Kurbelachse, Torsionsstabf. u. hydr. Teleskopstoßd.
Bremsen	hydraul. Trommelbr.
Lenkung	Zahnstangenl.
L x B x H	3950 x 1580 x 1400 mm
Radstand	2175 mm
Spurweite v/h	1180/1200 mm
Leer-/ zuläss. Ges.-Gewicht	680 kg/1100 kg
Verbrauch	7,3 l/100 km
Höchstgeschwind.	115 km/h
Preis	Stand.: 4.250 DM
Produktionszahlen	118.986 Stück

Der Kleinwagen der Auto Union wurde von dem neuen Entwicklungschef Dr. William Werner innerhalb weniger Monate entwickelt. Seine Form entsprach ganz amerikanischen Vorbildern dieser Zeit. Die weit über die Scheinwerfer gezogenen Kotflügel, die Heckflossen, das über die Wagenbreite gezogene Kühlergrill, die Lenkradschaltung, die weit herumgezogene Frontscheibe entsprachen dem Design-Trend im Automobilbau. Weniger modern war allerdings, dass der neue DKW keine selbsttragende Karosserie erhielt, sondern einen Kastenrahmen trug.
Der Blick unter die Haube auf den 660-cm^3-Motor blieb den Besuchern bei der Premiere der Frankfurter Autoshow 1957 verwehrt. Die Serienerprobung sollte noch zwei Jahre dauern. Zum Genfer Autosalon, im März 1959, wurde die Serienversion – nun mit 750-cm^3-Dreizylinder gezeigt. Am 15. August 1959 ging der DKW 750 dann als Junior in Serie. Im Dezember 1962 endete die Serienfertigung des Junior. Von Juli 1961 bis Oktober 1963 wurde der Typ de Luxe gebaut, mit veränderter Karosserie, hervorstehenden Scheinwerfern, groberem Kühlergrill und vorderen Dreieck-Ausstellfenstern. Ab Januar 1963 gab es nur noch den Junior de Luxe, der im Oktober 1963 gegen den F-12 ersetzt wurde.

DKW Junior

Auto Union DKW F-12/Roadster

Im Stil des DKW Junior de Luxe gehaltener Viersitzer mit höherem Dach, längerem Radstand, größeren Fensterflächen, hubraumstärkerem 40-PS-Motor. Umstellung von Thermosyphon- auf Wasserpumpenbetrieb. Frischluftschlitze vor der Windschutzscheibe. Zunächst parallel zum Junior de Luxe gebaut, später dessen Nachfolger. Ab November 1964 erhielt der F-12 Modellpflege: er bekam den 45-PS-Motor des Roadsters eingepflanzt. Einen Monat später, im Dezember 1964, endete offiziell die Produktion. Bis April 1965 rollten noch 10.692 45-PS-Wagen vom Band. Der F-12 war einer der ersten Wagen seiner Klasse mit serienmäßigen Scheibenbremsen an den Vorderrädern. Die Cabrioletversion besaß einen um 5 PS stärkeren Motor, Kurbelfenster und ein versenkbares Verdeck, dessen Konstruktion von der Karosseriefirma Karl Baur in Stuttgart stammte.

Modell	DKW F-12
Bauzeit	Jan. 1963 bis Dez. 1964
Karosserie	4 Sitze
Motor	wassergek. Dreizyl.-Zweitakt
Bohrung/Hub/Hubr.	74,5/68 mm/889 cm³
Leistung	40 DIN-PS bei 4300 U/min
Max. Drehmoment	8,00 mkp bei 2250 U/min
Kraftübertragung	sperrsynchr. Viergang-Getr.
Fahrwerk	Kastenprofilrahmen, Stahlblechkar. verschw., vo. Dreieckquerl. m. Stabi., hi. Starrachse, Drehstabfeder; vo. u. hi. Teleskopstoßd.
Bremsen	hydr. Scheibenbremsen vorn
Lenkung	Zahnstangenl.
L x B x H	3968 x 1575 x 1453 mm
Radstand	2250 mm
Spurweite v/h	1200/1280 mm
Leer- / zuläss. Ges.-Gewicht	750/1120 kg
Verbrauch	9,0 l/100 km/h
Höchstgeschwind.	125 km/h
Preis	ab 5.875 DM
Produktionszahlen	69.030 Stück

Auto Union DKW F-11

Der F-11 war die Kombination der einfacher ausgestatteten Version der F-12-Karosse mit der Technik des Junior de Luxe. Er wurde als dessen Nachfolger und als Standardversion des F-12 angeboten. Ihm fehlte die seitliche Chromleiste, die Rücklichter waren dieselben wie beim Junior de Luxe, im Gegensatz zum F-12 besaß der F-11 vorn Trommelbremsen. Der 796-cm^3-Motor stammte ebenfalls vom Junior de Luxe und leistete 34 PS, die für eine Höchstgeschwindigkeit von 115 km/h sorgten. Im Gegensatz zum Junior trug der F-12/11 keinen zuschaltbaren Freilauf mehr.

Modell	DKW F-11
Bauzeit	Juli 1963–April 1965
Karosserie	Lim., 4 Sitze
Motor	wassergek.-Dreizyl.-Zweitakt
Bohrung/Hub/Hubr.	70,5/68 mm/-
Leistung	796 cm^3, 34 DIN-PS bei 4300 U/min
Max. Drehmoment	7,25 mkp bei 2500 U/min
Kraftübertragung	sperrsynchr. Viergang-Getr.
Fahrwerk	Kastenprofilrahmen, Stahlblechkar. verschw., vo. Dreieckquerl., Drehstabfeder, hi. Starrachse, vo. u. hi. Torsionsstabf. u. hydraul. Teleskopstoßd.
Bremsen	hydraul. Vierrad-Trommelbr.
Lenkung	Zahnstangenl.
L x B x H	3968 x 1575 x 1453 mm
Radstand	2250 mm
Spurweite v/h	1200/1280 mm
Leer- / zuläss. Ges.-Gewicht	730/1150 kg
Verbrauch	8,5 l/100 km
Höchstgeschwind.	115 km/h
Preis	5.100 DM
Produktionszahlen	30.738 Stück

AWZ Sachsenring Zwickau P 70

Erster deutscher Serienwagen mit Kunststoff-Karosserie. Duroplast war eine Mischung aus Holzschliff mit Baumwollfasern. Der Wagen basierte technisch auf dem Vorkriegs-DKW-F-8, trug aber den Motor um 90 Grad gedreht quer zur Fahrtrichtung. Der Zweizylinder war wassergekühlt. Der P 70 war die Nachfolgekonstruktion der bisher in der DDR gebauten IFA-Wagen, die wiederum nichts anderes waren als Nachfolgekonstruktionen der Auto-Union-DKW-Modelle.

Modell	AWZ P 70
Bauzeit	Aug. 1955–Aug. 1959
Karosserie	Lim., 4 Sitze
Motor	wassergek. Zweizyl.-Zweitakt
Bohrung/Hub/Hubr.	76/76 mm/692 cm³
Leistung	22 DIN-PS bei 3500 U/min
Max. Drehmoment	5,4 mkp bei 2500 U/min
Kraftübertragung	unsynchron. Dreigang-Getr.
Fahrwerk	Kastenrahmen, Duroplast-Kaross. verschr., vo. u. hi. Querblattf., hi. Schwebeachse, vo. u. hi. Kolbenstoßd.
Bremsen	mech., später hydraul. Vierrad-Trommelbr.
Lenkung	Zahnstangenl.
L x B x H	3740 x 1500 x 1480 mm
Radstand	2380 mm
Spurweite v/h	1190/1200 mm
Leer- / zuläss. Ges.-Gewicht	845/950 kg
Verbrauch	7,0 l/100 km
Höchstgeschwind.	90 km/h
Preis	Coupé: 11.700 DM (Ost)
Produktionszahlen	36.796 Stück.

AWZ Sachsenring P 50 T (Trabant)

Der P 50 war die Weiterentwicklung des P 70, besaß jedoch kleinere Abmessungen und keinen Kühlergrill. »Trabant« wurde der Fronttriebler mit Serienbeginn und im Hinblick auf den Start des russischen Erdtrabanten Sputnik getauft. Die Karosserie wurde im Automobilwerk Zwickau (früher: Audi-Werk), AWZ, gebaut, das Fahrwerk kam vom VEB (Volkseigenen Betrieb) Sachsenring (ehemals Horch-Werk). Mit Beginn der Serie wurden beide Werke zusammengelegt. Anfangs besaß der Trabant einen nur von innen zugänglichen Kofferraum. Die letzten – 1959 gebauten – Exemplare erhielten als Sonderausführung einen Kofferraumdeckel. Erster in Serie gebauter deutscher Wagen mit Kunststoff-Karosserie.

Modell	AWZ P 50 T
Bauzeit	1. Mai 1958–1962
Karosserie	Lim., 4 Sitze
Motor	luft-/gebläsegek. Zweizyl.-Zweitakt
Bohrung/Hub/Hubr.	66/73 mm/496 cm^3
Leistung	18 DIN-PS bei 3750 U/min
Max. Drehmoment	4,5 mkp bei 2500 U/min
Kraftübertragung	Viergang-Getriebe
Fahrwerk	Kastenrahmen, Duroplast-Kaross. verschr., vo. Dreieckquerl., hi. Pendelachse m. Querblattf. u. Querl., vo. u. hi. Teleskopstoßd.
Bremsen	hydraul. Vierrad- Trommelbr.
Lenkung	Zahnstangenl.
L x B x H	3375 x 1500 x 1395 mm
Radstand	2020 mm
Spurweite v/h	1200/1220 mm
Leer- / zuläss. Ges.-Gewicht	620/900 kg
Verbrauch	6,0 l/100 km
Höchstgeschwind.	90 km/h
Preis	–
Produktionszahlen	131.495 Stück

BMW Isetta 250 (300)/Export

Von der italienischen Firma ISO in Lizenz genommenes Modell mit Fronttür, wegklappbarer Lenksäule und hinten eng zusammenstehenden Rädern, das von BMW jedoch in Details verbessert und mit eigenem Einzylinder-Viertakt-Motorrad-Motor ausgestattet wurde.
Die Version Export 250/300 war ein anfangs parallel zur Normal-Isetta gebautes Luxusmodell mit etwas größerem Innenraum, kleineren Rückfenstern, Schiebefenstern und Zweifarben-Lackierung. Ein Stoffrolldach stand nur gegen Aufpreis zur Verfügung.

Modell	Isetta 250
Bauzeit	1955–1957
Karosserie	Motocoupé, 2 Sitze;
Motor	luft-/gebläsegek. Einzyl.-Viertakt
Bohrung/Hub/Hubr.	68/68 mm/245 cm³
Leistung	12 DIN-PS bei 5800 U/min
Max. Drehmoment	1,45 mkp bei 4500 U/min
Kraftübertragung	Viergang-Getriebe
Fahrwerk	Stahlrohrrahmen, Stahlblechkar., Stoffrolldach, vo. Schwingarme u. Schraubenf., hi. Starrachse, Teleskopstoßd.
Bremsen	hydraul. Trommelbr.
Lenkung	Spindell.
L x B x H	2285 x 1380 x 1340 mm
Radstand	1500 mm
Spurweite v/h	1200/520 mm
Leer- / zuläss. Ges.-Gewicht	350/580 kg
Verbrauch	4,0 l/100 km
Höchstgeschwind.	85 km/h
Preis	ab 2.580 DM
Produktionszahlen	33.345 Stück

BMW 600

Isetta-Konzept auf viersitziger Basis. Vorn befindet sich die Fronttür und die wegklappbare Lenksäule. Der Entwurf der hochgezogenen Stoßstangen und des Armaturenbretts stammten von Giovanni Michelotti. Die Hecksitzbank war über die rahmenlose rechte Tür erreichbar. Das Reserverad saß in der Fronttür, einen Kofferraum gab es nicht. Der Motor war eine Weiterentwicklung aus dem BMW-Motorrad. Der 600, der keinen Kofferraum besaß, wurde bekannt durch seine Qualität und seinen relativ sparsamen Motor. Doch die Kunden lehnten beim größeren Modell der Isetta das Fronttür-Konzept ab.

Modell	BMW 600
Bauzeit	Dez. 1957–Nov 1959
Karosserie	Lim., 4 Sitze
Motor	luft-/gebläsegek. Zweizyl.-Viertakt
Bohrung/Hub/Hubr.	74/68 mm/582 cm^3
Leistung	19,5 DIN-PS bei 4500 U/min
Max. Drehmoment	3,9 mkp bei 3000 U/min
Kraftübertragung	vollsynchron. Viergang-Getr.
Fahrwerk	Stahlrohrrahmen m. Stahlblechkar. verschr., vo. Längsschwingarme u. Schraubenfedern, hi. Längsl., vo. u. hi. Teleskopstoßd.
Bremsen	hydraul. Trommelbr.
Lenkung	Spindell.
L x B x H	2900 x 1400 x 1375 mm
Radstand	1700 mm
Spurweite v/h	1220/1174 mm
Leer- / zuläss. Ges.-Gewicht	550/900 kg
Verbrauch	6,5 l/100 km
Höchstgeschwind.	100 km/h
Preis	3.985 DM
Produktionszahlen	34.813 Stück

(Foto alvanbeem: © CC 1.0)

BMW 700/C/Sport

Der BMW 700 war ein neu entwickelter Kleinwagen, der auf dem BMW-600-Fahrgestell basierte. Es handelte sich hier um den ersten Serien-BMW mit selbsttragender Karosserie (Karosserieentwurf: Giovanni Michelotti).
Er verfügte außerdem über rahmenlose Seitenscheiben und versenkte Türgriffe.Gegenüber dem BMW 700 Coupé hatte der 700 C einen von 30 auf 32 PS gebrachten Motor und Leichtmetall-Kurbelgehäuse. Äußerlich gab es keine Änderung zwischen den beiden Modellen. Die Sportversion (1960–1964) wurde durch höhere Verdichtung und zwei Vergaser auf 40 PS Leistung gebracht. Sie verbrauchte erstmals Superbenzin. Die Getriebeübersetzungen waren geändert. Nur beim Sport-Coupé: Stabilisator an der Hinterachse, höhere Fahrleistungen. Äußerlich ist das Modell zu erkennen an dem Schriftzug »Sport« am Heck sowie den zwei längslaufenden Chromleisten auf der hinteren Motorhaube.

Modell	BMW 700
Bauzeit	Coupé: Sept. 1959–Febr. 1963
Karosserie	Coupé, 2+2 Sitze
Motor	luft-/gebläsegek. Zweizyl.-Viertakt
Bohrung/Hub/Hubr.	78/73 mm/697 cm^3
Leistung	30 DIN-PS bei 5000 U/min
Max. Drehmoment	5,1 mkp bei 3400 U/min
Kraftübertragung	vollsynchr. Viergang-Getr.
Fahrwerk	selbsttrag. Stahlblechkar., vo. Längsschwingarme, Schraubenf., hi. Schrägl., Schraubenf., vo. u. hi. Teleskopstoßd.
Bremsen	hydraul. Trommelbr.
Lenkung	Zahnstangenl.
L x B x H	3540 x 1480 x 1270 mm
Radstand	2120 mm
Spurweite v/h	1270/1200 mm
Leer- / zuläss. Ges.-Gewicht	630/860 kg
Verbrauch	5,9 l/100 km
Höchstgeschwind.	125 km/h
Preis	Coupé: 5.500 DM
Produktionszahlen	Coupé: 22.241 Stück.

BMW 700 Cabrio

BMW LS/LS Coupé

Modell	BMW LS Coupé
Bauzeit	Okt. 1964–Sept. 1965
Karosserie	Coupé, 2+2 Sitze
Motor	luft-/gebläsegek.-Zweizyl.-Viertakt
Bohrung/Hub/Hubr.	78/73 mm/697 cm³
Leistung	40 DIN-PS bei 5700 U/min
Max. Drehmoment	5,2 mkp bei 4000–5000 U/min
Kraftübertragung	vollsynchron. Viergang-Getr.
Fahrwerk	Selbsttrag. Stahlblechkar., vo. Doppel-Längsschwingarme, Schraubenf., hi. Längsl., vo. u. hi. hydr. Teleskopstoßd.
Bremsen	hydraul. Vierrad-Trommelbr.
Lenkung	Zahnstangenl.
L x B x H	3860 x 1480 x 1300 mm
Radstand	2280 mm
Spurweite v/h	1270/1200 mm
Leer- / zuläss. Ges.-Gewicht	690 kg/1050 kg
Verbrauch	5,9 l/100 km
Höchstgeschwind.	135 km/h
Preis	5.850 DM
Produktionszahlen	1.756 Stück

Gegenüber der 700-Limousine hatte der LS einen um 160 mm verlängerten Radstand. Damit verfügte er über eine längere Karosserie mit mehr Platz im Fond und im hinteren Motorraum. Der Motor kam nun mit schräg hängenden Ventilen und 32 PS Leistung.
Gegenüber dem 700-C-Coupé besaß das LS-Coupé nun den 40-PS-Sport-Motor, und einen von 2120 auf 2280 mm verlängerten Radstand mit neugestaltetem Heck. Verbesserungen fand man auch in der Innenausstattung. Die Heckscheibe war außergewöhnlich groß und dreidimensional gebogen.

BMW LS Coupé

Brütsch 400

Egon Brütsch, Sohn eines schwäbischen Strumpffabrikanten, fuhr anfangs Rennen, später konzentrierte er sich auf den Autobau. Er entwickelte Prototypen in der Hoffnung, die Lizenzen dafür an etablierte Autofabriken verkaufen zu können. Seine erste ernstzunehmende Konstruktion war der einsitzige Roadster auf Basis des bewährten Lloyd LP 400.

Modell	Brütsch 400
Bauzeit	Sept. 1952
Karosserie	Cabriolet, 2 Sitze
Motor	luft-/gebläsegek. Zweizyl.-Zweitakt
Bohrung/Hub/Hubr.	62/64 mm/386 cm^3
Leistung	13 DIN-PS bei 3750 U/min
Max. Drehmoment	2,9 mkp bei 2750 U/min
Kraftübertragung	Dreigang-Getriebe
Fahrwerk	Plattformrahmen, Stahlblechkar. verschr., vo. Querblattf., Querl., hi. Starrachse m. Halbeliptikf.
Bremsen	hydraul. Vierrad-Trommelbr.
Lenkung	Zahnstangenl.
L x B x H	3120 x 1810 x 1150 mm
Radstand	2000 mm
Spurweite v/h	1050/1050 mm
Leer- / zuläss. Ges.-Gewicht	860/1150 kg
Verbrauch	4,5 l/100 km
Höchstgeschwind.	80 km/h
Preis	3600 DM
Produktionszahlen	2 Stück

Brütsch 200 Spatz

Modell	Brütsch 200 »Spatz«
Bauzeit	Debüt: Okt. 1954
Karosserie	Roadster, 2 Sitze
Motor	luft-/gebläsegek. Einzyl.-Zweitakt
Bohrung/Hub/Hubr.	65/58 mm/191 cm^3
Leistung	10 DIN-PS bei 5250 U/min
Max. Drehmoment	1,51 mkp bei 4000 U/min
Kraftübertragung	Elektr. geschalt. Viergang-Getr.
Fahrwerk	selbsttrag. Kunststoff-Kaross. in Schalenbauw., vo. Pendelachse, hi. Kettenkasten, hi. Einzelrad
Bremsen	hydraul. Trommelbr. (Vorderräder)
Lenkung	Zahnstangenl. in Fahrzeugmitte
L x B x H	3300 x 1400 x 1150 mm
Radstand	2100 mm
Spurweite v/h	1160/–
Leer- / zuläss. Ges.-Gewicht	230/400 kg
Verbrauch	4,5 l/100 km
Höchstgeschwind.	90 km/h
Preis	–
Produktionszahlen	(o. Lizenzb.) ca. 5 Stück

Als der Chemiekonzern BASF erstmals Kunststoffe für den Karosseriebau anbot und Chevrolet in Amerika seinen Sportwagen Corvette mit Kunststoff-Karosserie vorstellte, erprobte auch Brütsch den Bau einer Kunststoff-Karosserie. Er stellte zwei Kunststoff-Schalen her, die er mit einem Stoßband zusammenfügte. Dies erlaubte eine außergewöhnlich kostengünstige Bauweise. Beim dreisitzigen Spatz 200 mit Heckmotor verzichtete Brütsch sogar auf ein Fahrwerk und goss die Radaufhängungen gleich mit in den Kunststoff ein, was sich aber nicht bewährte.
Für den Spatz fand Brütsch in Harald Friedrich sogleich einen ernsthaften Interessenten, der die Lizenz erwarb. Der Motor stammte von Fichtel & Sachs.

Brütsch Spatz

Brütsch Zwerg / Zwerg Einsitzer

Nachdem Schwierigkeiten mit dem Brütsch 200 und den eingegossenen Radaufhängungen bekannt wurden, plante Brütsch um. Beim Zwerg saß die Schalenbau-Kunststoff-Karosserie auf einem stabilen Stahlrohrrahmen, an dem auch die Räder hingen. Doch die Lizenznehmer waren vorsichtig geworden, beim einsitzigen Zwerg biss keiner an. Er blieb ein Prototyp.
In dem Bemühen, das Autofahren noch erschwinglicher zu machen, schuf Brütsch den einsitzigen Zwerg mit hochklappbarer Plexiglas-Kuppel. Er nahm dazu die Technik des DKW Hobby Motorrollers mit seiner stufenlosen Riemen-Automatik, die das Schalten überflüssig machte und das Fahren weiter vereinfachte.

Modell	Brütsch Zwerg Einsitzer
Bauzeit	Sept. 1955–Juli 1956
Karosserie	Roadster, 1 Sitz
Motor	luft-/gebläsegek. Einzyl.-Zweitakt
Bohrung/Hub/Hubr.	45/47 mm/74 cm^3
Leistung	3 DIN-PS bei 5000 U/min
Max. Drehmoment	1,1 mkp bei 4000 U/min
Kraftübertragung	autom. Getriebe
Fahrwerk	Stahlrohrrahmen m. Kunststoffkar. Verschr., vo. Starrachse, hi. Kettenkasten, hi. Einzelrad
Bremsen	mech. Trommelbr. (Vorderräder)
Lenkung	Zahnstangenl.
L x B x H	2200 x 1100 x 1050 mm
Radstand	1280 mm
Spurweite v/h	890 mm/–
Leer- / zuläss. Ges.-Gewicht	98/180 kg
Verbrauch	2,4 l/100 km
Höchstgeschwind.	65 km/h
Preis	1.495 DM
Produktionszahlen	4 Stück

Brütsch Mopetta

Nachdem NSU 1954 das Moped populär gemacht hatte, das nur einen 50-cm^3-Motor besaß und steuer- und versicherungsfrei laufen durfte, entwickelte Brütsch das verkleidete Moped, das Mopetta. Brütsch plante sogar, das Mopetta schwimmfähig zu machen. Ein Plan, der an den Kosten scheiterte. Das Mopetta bekam nämlich einen außenliegenden 50-cm^3-Motor von Fichtel & Sachs ohne Luftgebläse. Der Motor wurde allein vom Fahrtwind gekühlt. Die Anbringung hinten rechts hätte ein Ungleichgewicht ergeben.
Die Mopetta erregte nicht nur wegen ihres niedrigen Preises von 750 Mark hohe Aufmerksamkeit. Der Frankfurter Opel-Händler Georg von Opel wollte daraufhin das Mopetta als »Opelit« in Serie nehmen – basierend auf der Technik der Motorradmarke Horrex. Die Adam Opel AG verbot es ihm. So zerschlugen sich alle Pläne.

Modell	Brütsch Mopetta
Bauzeit	Okt. 1956–Frühj. 1958
Karosserie	Roadster, 1 Sitz
Motor	luftgek. Einzyl.-Zweitakt
Bohrung/Hub/Hubr.	38/43 mm/49 cm^3
Leistung	2,3 DIN-PS bei 5250 U/min
Max. Drehmoment	1,75 mkp bei 2850 U/min
Kraftübertragung	Dreigang-Getr.
Fahrwerk	Stahlrohrrahmen, Kunststoffkar. Verschr., vo. Vorderradgabel/ Gummifederel., hi. Pendelachse/ Gummifederel., vo. Einzelrad
Bremsen	mech. Trommelbr. (Hinterräder)
Lenkung	Moped-Direktlenkung
L x B x H	1700 x 880 x 1000 mm
Radstand	1000 mm
Spurweite v/h	–/751 mm
Leer- / zuläss. Ges.-Gewicht	78/150 kg
Verbrauch	2 l/100 km
Höchstgeschwind.	45 km/h
Preis	ab 750 DM
Produktionszahlen	14 Stück

Brütsch Rollera

Parallel zur Mopetta schuf Egon Brütsch die Rollera, die wiederum eine verkleidete Version des Motorrollers sein sollte. Ein Einsitzer ohne Türen mit Einstiegsluken und Einzelscheinwerfer am Bug. Sie war etwas stärker motorisiert, bot aber ebenfalls nur einen Sitz und einen außenhängenden Motor von Fichtel & Sachs mit Einzelrad-Antrieb.

An der Rollera verwirklichte Brütsch ebenfalls das Prinzip der Kunststoff-Schalenbauweise, wegen des höheren Preises fand die Rollera allerdings kaum Anklang. In Frankreich fand sich dennoch ein Lizenznehmer, die Ste. Rollera.

Modell	Brütsch Rollera
Bauzeit	Okt. 1956–Frühj. 1958
Karosserie	Roadster, 1 Sitz
Motor	luft-/gebläsegek. Einzyl-Zweitakt
Bohrung/Hub/Hubr.	48/57 mm/98 cm^3
Leistung	5,2 DIN-PS bei 5250 U/ min
Max. Drehmoment	2,5 mkp bei 2900 U/min
Kraftübertragung	Dreigang-Getr.
Fahrwerk	Stahlrohrrahmen, Kunststoffkar. Verschr., vo. Vorderradgabel/ Gummifederel., hi. Pendelachse/ Gummifederel., vo. Einzelrad
Bremsen	mech. Trommelbr. (Hinterräder)
Lenkung	Moped-Direktl.
L x B x H	2100 x 1000 x 1100 mm
Radstand	1350 mm
Spurweite v/h	–/830 mm
Leer- / zuläss. Ges.-Gewicht	85/200 kg
Verbrauch	3,5 l/100 km
Höchstgeschwind.	80 km/h
Preis	1.357 DM
Produktionszahlen	8 Stück

Brütsch Bussard

Weil Harald Friedrich mit seinem Spatz viel Negativ-Reklame gegen Egon Brütschs Autos machte und keine Lizenzen zahlte, klagte Brütsch nicht nur gegen ihn, sondern baute auch den Bussard, im Grunde eine Spatz-ähnliche Konstruktion mit dem Namen des Raubvogels Bussard, der Spatzen jagt. Der Bussard verfügte allerdings über einen soliden Stahlrahmen, auf dem die Kunststoff-Schalen-Karosserie saß. Der Bussard trug den Motor hinten über dem hinteren Einzelrad. Am Bug wurde das Fahrzeug mit zwei Scheinwerfern ausgestattet. Ein Lizenznehmer fand sich indes nicht.

Modell	Brütsch Bussard
Bauzeit	Okt. 1956–Frühj. 1958
Karosserie	Roadster, 2 Sitze
Motor	luft-/gebläsegek. Einzyl.-Zweitakt
Bohrung/Hub/Hubr.	65/58 mm/191 cm^3
Leistung	10 DIN-PS bei 5250 U/min
Max. Drehmoment	1,51 mkp bei 3500 U/min
Kraftübertragung	Viergang-Getriebe
Fahrwerk	Stahlrohrrahmen, Kunststoffkar. verschr., vo. Pendelachse, hi. Kettenkasten, vo. u. hi. Gummifederel., hi. Einzelrad
Bremsen	mech. Trommelbr.
Lenkung	Zahnstangenl.
L x B x H	3300 x 1420 x 1150 mm
Radstand	2100 mm
Spurweite v/h	1160 mm/–
Leer- / zuläss. Ges.-Gewicht	265/400 kg
Verbrauch	3,5 l/100 km
Höchstgeschwind.	95 km/h
Preis	–
Produktionszahlen	11 Stück

Brütsch Pfeil

Nachdem der Bussard den Spatzen nicht jagen konnte, wollte es Brütsch mit dem Pfeil versuchen. Der Pfeil sollte den Spatz abschießen. Dazu besaß der Pfeil ein vierrädriges Chassis und ein hinten hochklappbares Hardtop. Es gab sogar Prototypen des Pfeil, die ein Hardtop mit hochschwingenden Flügeltüren nach Art des Mercedes 300 SL hatten. Der Zweizylinder-Motor stammte von Lloyd. Am Heck standen die hinteren Räder unter breiten Kotflügeln hervor. Rundum schützte eine Stoßleiste die Karosserie.

Der hohe Preis des Pfeil verhinderte allerdings einen Serienbau.

Modell	Brütsch Pfeil
Bauzeit	Okt. 1956–März 1958
Karosserie	Roadster, 2 Sitze
Motor	luft-/gebläsegekühl. Zweizyl.-Zweitakt
Bohrung/Hub/Hubr.	62/64 mm/386 cm^3
Leistung	13 DIN-PS bei 3750 U/min
Max. Drehmoment	2,9 mkp bei 2750 U/min
Kraftübertragung	Dreigang-Getr. (Lloyd)
Fahrwerk	Stahlrohrrahmen, Kunststoffkar. verschr., vo. u. hi. Pendelachsen, Gummifederel.
Bremsen	mech. Vierrad-Trommelbr.
Lenkung	Zahnstanenl.
L x B x H	3300 x 1420 x 1150 mm
Radstand	1930 mm
Spurweite v/h	1160/1160 mm
Leer- / zuläss. Ges.-Gewicht	285/450 kg
Verbrauch	5,1 l/100 km
Höchstgeschwind.	110 km/h
Preis	2.990 DM
Produktionszahlen	6 Stück

Brütsch V-2/V-2 N

Mit ausgefeilterer Kunststofftechnik und höherer Qualität baute Brütsch den Volkszweisitzer V-2. Wiederum ein vierrädriges Zweisitzer-Mobil mit kleinen Motoren von Fichtel & Sachs und leichter Hülle. Doch auch hierfür fand sich kein Lizenznehmer. Als der Indonesier Ngo an Brütsch herantrat und als Vorschuss für die Lizenz an dem Volkszweisitzer eine größere Summe Bargeld auf den Tisch legte, entwickelte Brütsch dafür gleich einen neuen Wagen. Er nahm die Technik des damals neuen Fiat 500 Nuova und baute darauf einen Kunststoff-Zweisitzer mit kleinen Heckflossen, in Zweifarben-Lackierung und gewölbter Frontscheibe. Da der Endverkaufspreis damit auch in die Höhe rutschte, verzichtete Ngo schließlich auf den Serienbau, auch der V 2-N blieb ein Prototyp. Brütsch gab 1959 den Autobau auf und widmete sich Fertighäusern aus Kunststoff.

Modell	Brütsch V-2
Bauzeit	Okt. 1957–Frühj. 1959
Karosserie	Roadster, 2 Sitze
Motor	luft-/gebläsegek. Einzyl.-Zweitakt
Bohrung/Hub/Hubr.	48/54 mm/98 cm^3
Leistung	5,2 DIN-PS bei 5250 U/min
Max. Drehmoment	1,2 mkp bei 4000 U/min
Kraftübertragung	Viergang-Getriebe
Fahrwerk	Stahlrohrrahmen, Kunststoffkar. in Schalenbauw., vo. u. hi. Pendelachsen, Gummif., Rückstoßd.
Bremsen	mech. Vierrad-Trommelbr.
Lenkung	Zahnstangenl.
L x B x H	2550 x 1240 x 1100 mm
Radstand	1650 mm
Spurweite v/h	1100/1100 mm
Leer- / zuläss. Ges.-Gewicht	165–195/500 kg
Verbrauch	2,8–3,5 l/100 km
Höchstgeschwind.	65 km/h (F&S), 100 km/h (Maico)
Preis	1.850/2.180 DM
Produktionszahlen	12 Stück

Brütsch V-2

Champion-ZF

Da der Krieg die Automobilindustrie lahmgelegt hatte, fürchtete die Zahnradfabrik Friedrichshafen (ZF), dass sie künftig keine Getriebe mehr an diesen Industriezweig liefern könnte. So wollte sie selbst einen Kleinstwagen bauen. Das traf sich gut mit den Ambitionen des Autokonstrukteurs und Rennfahrers Hermann Holbein, der – nach 1945 von BMW entlassen – zuerst Autorennen fuhr und danach selbst Autos bauen wollte. Mit Geld von ZF erstellte Holbein einen winzigen Zweisitzer mit Zweigang-Rasenmäher-Getriebe, Fahrradreifen und Fahrradleuchten. Im Sommer 1946 wurde der Champion mit 200-cm³-Heckmotor fertig. ZF wollte den Wagen in Serie nehmen, fürchtete dann aber doch Ärger mit ihrer etablierten Kundschaft. Deshalb gab ZF die Konstruktionszeichnungen an Holbein ab und finanzierte sogar noch die Weiterentwicklung des Wagens.

Modell	Champion-ZF
Bauzeit	fertig: Sommer 1946
Karosserie	Roadster, 2 Sitze
Motor	luftgek. Einzyl.-Zweitakt
Bohrung/Hub/Hubr.	65/61 mm/196 cm³
Leistung	5 DIN-PS bei 4000 U/min
Max. Drehmoment	0,9 mkp bei 3400 U/min
Kraftübertragung	Zweigang-Grasmäher-Getr.
Fahrwerk	Zentralrohrrahmen, Stahlblechkar. verschr., vo. u. hi. Längsschwingarme, Torsionsstabf., Motorradkotflügel.
Bremsen	mech. Nabenbr. (Hinterräder)
Lenkung	Zahnbogenl.
L x B x H	1980 x 1360 x 940 mm
Radstand	1600 mm
Spurweite v/h	1150/1150 mm
Leer- / zuläss. Ges.-Gewicht	170/250 kg
Verbrauch	3,0 l/100 km
Höchstgeschwind.	über 50 km/h
Preis	–
Produktionszahlen	3 Stück

Champion Ch-1

Im April 1948 stellte Holbein die Weiterentwicklung des ZF-Champions vor, den Ch-1. In der Form ähnelte er dem erfolgreichen Volkswagen, doch die Herstellung des Wagens wäre viel zu teuer geworden. Zur Reutlinger Autoausstellung 1949 stellte er deshalb einen völlig veränderten Champion vor: rationell herzustellen mit einem einzigen Scheinwerfer am Bug, mit geraden, durch eine Naht zusammengehaltenen Blechen, verkleideten Fahrrad-Speichenrädern und außen aufsitzendem Heckmotor. Das Lenkrad besaß unten keinen Lenkradkranz – zum bequemen Ein- und Ausstieg. Der verdeck- und türlose Zweisitzer erregte viel Aufsehen.

Modell	Champion Ch-1
Bauzeit	fertig: April 1949
Karosserie	Roadster, 2 Sitze
Motor	luftgek. Einzyli.-Zweitakt
Bohrung/Hub/Hubr.	65/61 mm/196 cm^3
Leistung	5 DIN-PS bei 4000 U/min
Max. Drehmoment	0,9 mkp bei 3400 U/min
Kraftübertragung	Zweigang-Grasmäher-Getr.
Fahrwerk	Zentralrohrrahmen, Stahlblechkar. verschw., vo. u. hi. Längsschwingarme, Torsionsstabf., hi. Motorradkotflügel
Bremsen	mech. Nabenbr. (Hinterräder)
Lenkung	Zahnbogenl.
L x B x H	2420 x 1380 x 990 mm
Radstand	1600 mm
Spurweite v/h	1150/1150 mm
Leer- / zuläss. Ges.-Gewicht	190/250 kg
Verbrauch	3,0 l/100 km
Höchstgeschwind.	50 km/h
Preis	–
Produktionszahlen	1 Stück

Champion Ch-2

Der Ch-2 besaß eine gerundete Front mit zwei Scheinwerfern, die Windschutzscheibe bestand aus einem Stück. Der Heckmotor trug eine Verkleidung. Eine Holzplatte bildete den Boden, darauf war eine 2,60 m lange Stahlblechkarosserie geschraubt. Zufrieden war Holbein mit dem Wagen dennoch nicht.
Da Hermann Holbein mit dem Ch-2 der ersten Serie nicht zufrieden war, begann er im gleichen Design den Bau eines weiteren Ch-2, diesmal in Länge und Breite größer – vor allem jedoch stabiler. Die Karosserie baute die Fima Böbel in Ulm, das Getriebe stammte nun nicht mehr von ZF, sondern von Hörz in Ulm. Der neue Wagen erwies sich qualitativ so viel besser, dass Holbein nun den Bau einer kleinen Serie von elf Exemplaren begann. Der Heckmotor saß nun tiefer im Chassis und war von einer Haube verdeckt.

Modell	Champion Ch-2, 2. Serie
Bauzeit	9. Nov. 1949–Juni 1950
Karosserie	Roadster, 2 Sitze (Böbel)
Motor	luft-/gebläsegek. Einzyl.-Zweitakt
Bohrung/Hub/Hubr.	66/70 mm/248 cm³
Leistung	6,5 DIN-PS bei 4700 U/min
Max. Drehmoment	1,2 mkp bei 4200 U/min
Kraftübertragung	Dreigang-Getr. (Hörz-Ulm)
Fahrwerk	Zentralrohrrahmen, Stahlblechkar. verschw., vo. u. hi. Längsschwingarme u. Drehstabf.
Bremsen	mech. Trommelbr. (Hinterräder)
Lenkung	Zahnbogenl.
L x B x H	2800 x 1360 x 1270 mm
Radstand	1700 mm
Spurweite v/h	1150/1150 mm
Leer- / zuläss. Ges.-Gewicht	220/460 kg
Verbrauch	4,0 l/100 km
Höchstgeschwind.	60 km/h
Preis	2.650 DM
Produktionszahlen	11 Stück

Champion Ch-250/S

Modell	Champion Ch-250
Bauzeit	März 1950–März 1951
Karosserie	Roadster, 2 Sitze
Motor	luft-/gebläsegek. Einzyl.-Zweitakt
Bohrung/Hub/Hubr.	66/70 mm/248 cm^3
Leistung	6,5 DIN-PS bei 4700 U/min
Max. Drehmoment	1,2 mkp bei 4200 U/min
Kraftübertragung	Dreigang-Getr. (Hörz-Ulm)
Fahrwerk	Zentralrohrrahmen, Stahlblechkar. verschw., vo. u. hi. Längsschwingarme u. Drehstabf.
Bremsen	mech. Trommelbr. (Hinterräder)
Lenkung	Zahnbogenl.
L x B x H	2850 x 1360 x 1280 mm
Radstand	1800 mm
Spurweite v/h	1200/1200 mm
Leer- / zuläss. Ges.-Gewicht	260/435 kg
Verbrauch	4,0 l/100 km
Höchstgeschwind.	65 km/h
Preis	2.650 DM
Produktionszahlen	267 Stück (incl. 250 S)

Im März 1950 wurde aus dem Ch-2 der »250«; wieder ein Roadster im bekannten Design. Er war wiederum gewachsen, war qualitativ wiederum besser und aufwendiger – soweit es der Preis zuließ. Porsche mahnte nun Lizenzgebühren an, weil Holbein an seinem neuesten kleinen Roadster – mit Stoffverdeck – die Drehstabfederung verwendete – ein Patent von Porsche.
Der bald darauf erschienene Champion Ch-250 S glich dem Ch-250: Im Gegensatz zu diesem trug er den neuen Doppelkolbenmotor von Triumph mit 250 cm^3 und 10 PS im Heck. Der kleine Wagen wuchs wiederum um 50 mm in der Länge, er war nun mit einem Stoffverdeck ausgestattet und bei Bedarf konnten auch Segeltuch-Türen geliefert werden. Entgegen dem Willen des Konstrukteurs begannen nun verschiedene Fachleute, den leichten Champion als Grundlage für kleine Coupés zu nutzen. Mit der Verlagerung der Produktion 1950 an die Champion Automobil GmbH nach Paderborn glaubte Holbein, dass sein Auto nun den großen Durchbruch erleben würde.
Mit 260 kg Leergewicht war der CH-250 so leicht, dass ihn ein Mann anheben konnte.

Champion CH-250

Champion 400 (Vorserie)

Weil der Markt es verlangte und die Konkurrenten es boten, beschäftigte sich auch Hermann Holbein mit dem Gedanken, auf das Fahrwerk des Ch-250 ein geschlossenes Fahrzeug zu bauen. Ein Zweisitzer mit zwei Türen, in Pontonform und symetrischer Anordnung. Die Karosseriefabrik Fries baute auf dem grazilen Fahrwerk ein Einzelstück, das sich aber schnell als viel zu schwer erwies. Im Mai 1950 feierte eine weiterentwickelte Variante Premiere: ein Coupé mit symetrischen Formen, mit Stoffdach und versenkbaren Seitenscheiben, die sich um einen Mittelpunkt drehen ließen. Die Firma Gustav Drauz baute den CH-400 mit 400-cm³-Ilo-Motor. Im Februar 1951 begann die Serienfertigung.

Modell	Champion 400 (Vorserie)
Bauzeit	Debüt: Mai 1950
Karosserie	Cabr.-Lim., 2 Sitze
Motor	luft-/gebläsegek. Einzyl.-Zweitakt
Bohrung/Hub/Hubr.	2x52/94 mm/396 cm³
Leistung	11 DIN-PS bei 3000 U/min
Max. Drehmoment	3,6 mkp bei 2000 U/min
Kraftübertragung	Dreigang-Getr.
Fahrwerk	Zentralrohrrahmen, Stahlblechkar. verschw., vo. dopp. Dreieck-Querl.; hi. Pendelachse, vo. u. hi. Gummi-Torsionsf.
Bremsen	mech. Vierrad-Trommelbr.
Lenkung	Zahnstangenl.
L x B x H	3180 x 1470 x 1300 mm
Radstand	1800 mm
Spurweite v/h	1200/1150 mm
Leer- / zuläss. Ges.-Gewicht	495/750kg
Verbrauch	4,5 l/100 km
Höchstgeschwind.	85 km/h
Preis	3.250 DM
Produktionszahlen	4 Stück

Champion 400/H

Modell	Champion 400
Bauzeit	1951–1952 (Champ.); 1952–1953 (Hennh.)
Karosserie	Cabr./Lim., 2 Sitze (Drauz)
Motor	wassergek. Zweizyl.-Zweitakt
Bohrung/Hub/Hubr.	61/68 mm/398 cm^3
Leistung	14 DIN-PS bei 4000 U/min
Max. Drehmoment	2,8 mkp bei 2800 U/min
Kraftübertragung	Dreigang-Getriebe
Fahrwerk	Zentralrohrrahmen, Stahlblechkar. verschw., vo. dopp. Querl., hi. Pendelachse, vo. u. hi. Gummi-Torsionsf.
Bremsen	mech. Vierrad-Trommelbr.
Lenkung	Zahnstangenl.
L x B x H	3180 x 1470 x 1300 mm
Radstand	1800 mm
Spurweite v/h	1200/1150 mm
Leer- / zuläss. Ges.-Gewicht	495/750 kg
Verbrauch	4,5 l/100 km
Höchstgeschwind.	85 km/h
Preis	ab 1951: 3.750 DM
Produktionszahlen	1.904 Stück

Der Champion 400 war zwar ein beliebtes Fahrzeug, gegen den viersitzigen Lloyd LP 300/400 konnte er sich aber nie durchsetzen. Im Oktober 1952 endete die Serie im Champion-Werk. Die neugegründete Automobilfabrik des ehemaligen Champion-Händlers »Rheinische Automobilfabrik Hermann Hennhöfer & Co.« in Ludwigshafen übernahm die weitere Fertigung des Ch-400 ab April 1953. Doch Ilo gab nun die Fertigung des 400-cm^3-Motors zugunsten des Motors von Ernst Heinkel auf. Heinkel lieferte für das Modell 400 H den wassergekühlten Zweizylinder-Zweitakter mit 15 DIN-PS an Hennhöfer. Von Juni bis November 1953 baute Hennhöfer rund 400 Exemplare, dann war die Firma finanziell am Ende. Die »Rheinische Automobilfabrik« (RAF) wurde nun von dem Dänen Henning Thorndal übernommen. Er baute den 400 H von Juni 1954 bis Oktober 1954 in etwa 300 Exemplaren, bis auch bei ihm die Kassen leer waren. Das Champion-Projekt schien endgültig zu scheitern.

Champion 500 G

Schon Champion-Konstrukteur Hermann Holbein hatte aus dem Ch-400 einen Kombiwagen entwickelt. Das Besondere daran: der Heckmotor war um 60 Grad geneigt, um möglichst wenig Platz zu beanspruchen. In Paderborn konnte der Wagen nicht mehr gebaut werden. Die Pläne übernahm die Firma Hennhöfer und baute 5 Exemplare mit hinterem Holzaufbau nach Art amerikanischer Station-Wagons. Doch erst Henning Thorndal begann damit, den Kombiwagen in kleiner Serie herzustellen – mit 500-cm^3-Motor mit 18 PS von Heinkel.

Modell	Champion 500 G
Bauzeit	1953–1954 (Hennhöfer); 1954–Frühj. 1955 (Thorndal)
Karosserie	Kombi, 4 Sitze
Motor	wassergek. Zweizyl.-Zweitakt
Bohrung/Hub/Hubr.	66/66 mm/452 cm^3
Leistung	18 DIN-PS bei 4200 U/min
Max. Drehmoment	3,7 mkp bei 3000 U/min
Kraftübertragung	Dreigang-Getriebe
Fahrwerk	Zentralrohrrahmen, komb. Stahlblech-Holzkar., verschr., vo. dopp. Querl., hi. Pendelachse, vo. u. hi. Gummitorsionsf.
Bremsen	mech. Vierrad-Trommelbr.
Lenkung	Zahnstangenl.
L x B x H	3400 x 1470 x 1350 mm
Radstand	1960 mm
Spurweite v/h	1200/1150 mm
Leer- / zuläss. Ges.-Gewicht	595/920 kg
Verbrauch	4,5 l/100 km
Höchstgeschwind.	80 km/h
Preis	1954: 4.550 DM
Produktionszahlen	25 Stück

Maico MC 400 H

Die schwäbischen Motorrad- und Motorroller-Fabrikanten Otto und Wilhelm Maisch (Marke: Maico) strebten ins Kleinwagen-Geschäft. Im Juni 1955 übernahm Maico aus der Konkursmasse der Rheinischen Automobilfabrik Henning Thorndal alle Champion-Teile und -Maschinen. Ab September 1955 baute Maico den Zweisitzer als Maico 400 H wieder in kleiner Serie nur aus Ersatzteilen, im März 1956 endete sie nach 80 Exemplaren. Geändert wurde an dem zweisitzigen Heckmotor nichts. Das Rolldach-Coupé trug den Heinkel-Motor im Heck, der vordere Kofferraum konnte von außen beladen werden.

Modell	Maico MC 400 H
Bauzeit	Sept 1955–März 1956
Karosserie	Cabr.-Lim., 2 Sitze
Motor	wassergek. Zweizyl.-Zweitakt
Bohrung/Hub/Hubr.	62/66 mm/396 cm^3
Leistung	15 DIN-PS bei 4000 U/min
Max. Drehmoment	3,0 mkp bei 2600 U/min
Kraftübertragung	Dreigang-Getriebe
Fahrwerk	Kastenrahmen, Stahlblechkar. verschr., vo. doppelte Querl., hi. Pendelachse, Teleskopstoßd., vo. u. hi. Gummitorsionsf.
Bremsen	hydr. Vierrad-Trommelbr.
Lenkung	Zahnstangenl.
L x B x H	3200 x 1470 x 1310 mm
Radstand	1800 mm
Spurweite v/h	1200/1150 mm
Leer- / zuläss. Ges.-Gewicht	540/820 kg
Verbrauch	4,5 l/100 km
Höchstgeschwind.	90 km/h
Preis	3.850 DM
Produktionszahlen	80 Stück

Maico MC 500 G

Der Maico MC 500 G war nichts anderes als der Champion 500 G. Ebenfalls ein Kombiwagen mit 500-cm³-Motor von Heinkel und hinterem Holzaufbau. Nach sechsmonatiger Pause kam der Maico im September 1955 wieder auf den Markt – mit neuem Namen. Bis Dezember 1956 wurde er in nur 21 Exemplaren gebaut.

Modell	Maico MC 500 G
Bauzeit	Sept. 1955–Dez. 1956
Karosserie	Kombi, 4 Sitze
Motor	wassergek. Zweizyl.-Zweitakt
Bohrung/Hub/Hubr.	66/66 mm/452 cm³
Leistung	18 DIN-PS bei 4200 U/min
Max. Drehmoment	3,7 mkp bei 3000 U/min
Kraftübertragung	Viergang-Getriebe
Fahrwerk	Zentralrohrrahmen, komb. Stahlblech-Holz-Kar., vo. dopp. Querl., hi. Pendelachse u. Teleskopstoßd., vo. u. hi. Gummitorsionsf.
Bremsen	hydr. Vierrad-Trommelbr.
Lenkung	Zahnstangenlenkung
L x B x H	3400 x 1470 x 1350 mm
Radstand	1960 mm
Spurweite v/h	1200/1150 mm
Leer- / zuläss. Ges.-Gewicht	600/920 kg
Verbrauch	5,0 l/100 km
Höchstgeschwind.	80 km/h
Preis	4.295 DM
Produktionszahlen	21 Stück

Maico MC 400/500

Mit Hilfe der Karosseriefabrik Karl Baur in Stuttgart entwickelte Maico aus dem Zweisitzer eine viersitzige Limousine. Der Radstand wurde verlängert, nötig war ein längeres Dach und neue hintere Kotflügel. Zur Frankfurter Automobilausstellung im September 1955 zeigte Maico den Prototyp, dessen Serie dann im Juli 1956 anlief und nur bis Oktober 1956 gebaut wurde. Dass nur 21 Exemplare gebaut wurden, lag an dem doch zu schwachen 400-cm^3-Motor von Heinkel.
Der 500/4 unterschied sich äußerlich durch nichts vom 400/4. Doch die 18 PS machten aus dem 575 kg schweren Auto das passablere Fortbewegungsmittel. Der 500/4, dessen Serie im Juni 1956 anlief, wurde schnell zum Standardmodell der Maico-Produktpalette. Bis August 1958 wurde der Viersitzer gebaut.

Modell	Maico MC 400/4
Bauzeit	Mai 1956–Oktober 1956
Karosserie	Lim., 4 Sitze
Motor	wassergek. Zweizyl.-Zweitakt
Bohrung/Hub/Hubr.	62/66 mm/ 396 cm^3
Leistung	15 DIN-PS bei 4000 U/min
Max. Drehmoment	3,0 mkp bei 2800 U/min
Kraftübertragung	Viergang-Getriebe
Fahrwerk	Kastenrahmen, Stahlblechkar. verschr., vo. dopp. Querl., hi. Pendelachse, 2 Teleskopstoßd., vo. u. hi. Gummitorsionsf.
Bremsen	hydr. Vierrad-Trommelbr.
Lenkung	Zahnstangenl.
L x B x H	3420 x 1470 x 1395 mm
Radstand	2020 mm
Spurweite v/h	1200/1150 mm
Leer- / zuläss. Ges.-Gewicht	585/880 kg
Verbrauch	6,0 l/100 km
Höchstgeschwind.	95 km/h
Preis	3.490 DM
Produktionszahlen	21 Stück

Maico 400/4

Maico 500 Sport

Um Autos zu höheren Preisen verkaufen zu können, entstand der Sport, dessen Linien die Schweizer Karosseriebauer Gebrüder Beutler entworfen hatten. Sie übernahmen auch die Zulieferung der Kunststoff-Karosserie. Das Problem: Trotz Kunststoff wog der elegante Zweisitzer etwas mehr als die Limousine und war entsprechend träger. Deshalb wurde die Motorleistung von 18 auf 20 PS gesteigert.
Es blieb bei nur vier Exemplaren, von der Standardversion gab es kein einziges Exemplar.

Modell	Maico 500 Sport
Bauzeit	Debüt: Sept. 1957
Karosserie	Cabrio, 2 Sitze Karosserie: Gebrüder Beutler
Motor	wassergek. Zweizyl.-Zweitakt
Bohrung/Hub/Hubr.	66/66 mm/452 cm³
Leistung	20 DIN-PS bei 4500 U/min
Max. Drehmoment	3,7 mkp bei 3200 U/min
Kraftübertragung	Viergang-Getriebe
Fahrwerk	Kastenrahmen, Kunststoffkar. verschr., vo. Federbein-Achse, hi. Pendelachse, vo. u. hi. hydr. Teleskopstoßd., Schraubenf.
Bremsen	hydr. Vierrad-Trommelbr.
Lenkung	Schneckenrollenl.
L x B x H	3750 x 1520 x 1250 mm
Radstand	2070 mm
Spurweite v/h	1200/1150 mm
Leer- / zuläss. Ges.-Gewicht	550/900 kg
Verbrauch	5,0 l/100 km
Höchstgeschwind.	110 km/h
Preis	Stand./Luxus: 4.950/5.400 DM
Produktionszahlen	4 Stück

Deltawerk Deltamobil

Die Firma Deltawerk Lindner in München baute eigentlich Ölheizungen. Der hohen Nachfrage wegen entwickelte sie das Deltamobil: ein Dreirad mit über den Radausschnitten gelegenen Türen, wodurch das Einsteigen besonders bequem wurde. Die durchgehende Sitzbank war in vier aufblasbare Luftkissen aufgeteilt. Darunter lag ein Gepäckkasten. Die Karosserie bestand aus Aluminium. Die Scheinwerfer stammten vom Volkswagen. Fortschrittlich war auch die gewölbte Frontscheibe. Es gab auch schon ein Exemplar mit 250-cm³-Motor. Doch mit Erscheinen des Goggomobils erlosch die Nachfrage. Das Deltawerk widmete sich wieder dem Ölheizungsbau.

Modell	Deltawerk Deltamobil
Bauzeit	16. Dez. 1954–April 1955
Karosserie	Roadster, 2 Sitze
Motor	luft-/gebläsegek. Einzyl.-Zweitakt
Bohrung/Hub/Hubr.	62/66 mm/197 cm^3
Leistung	9,5 DIN-PS bei 4000 U/min
Max. Drehmoment	1,4 mkp bei 3200 U/min
Kraftübertragung	Dreigang-Getr. (Hurth)
Fahrwerk	Profilrahmen, aufgeschr. Alminium-Kar., vo. Starrachse, hi. Kettenkasten als Schwinge, hi. Einzelrad
Bremsen	hydr. Trommelbr. (Hinterräder)
Lenkung	ZF-Schneckenrollenl.
L x B x H	2900 x 1300 x 1300 mm
Radstand	1660 mm
Spurweite v/h	1100/– mm
Leer- / zuläss. Ges.-Gewicht	310/500 kg
Verbrauch	4,2 l/100 km
Höchstgeschwind.	85 km/h
Preis	ab 1.960 DM
Produktionszahlen	12 Stück

Dornier Delta

Der Flugzeugkonstrukteur Claudius Dornier jr. stellte 1955 ein neuartiges Fahrzeug vor. Es besaß vorn und hinten je eine nach oben schwingende Tür, die Passagiere saßen Rücken an Rücken. Der Motor saß in der Mitte des Wagens. Das Delta besaß völlig symetrische Karosserieteile. Der mittig angebrachte Motor bescherte dem Mobil eine besonders ausgeglichene Gewichtsverteilung und damit Straßenlage. Die Firma Zündapp kaufte 1956 die Lizenz des Wagens und entwickelte daraus den »Janus«.

Modell	Dornier Delta
Bauzeit	Debüt: Juni 1955
Karosserie	Moto-Coupé, 4 Sitze
Motor	luft-/gebläsegek. Einzyl.-Zweitakt
Bohrung/Hub/Hubr.	62/66 mm/197 cm³
Leistung	9,5 DIN-PS bei 4900 U/min
Max. Drehmoment	1,4 mkp bei 3500 U/min
Kraftübertragung	Dreigang-Getr. (Hurth)
Fahrwerk	selbsttr. Stahlblechkar., vo. Längsschwingarme, hi. Pendelachse, vo. u. hi. Schraubenf., Teleskopstoßd.
Bremsen	hydr. Vierrad-Trommelbr.
Lenkung	Zahnstangenl.
L x B x H	2880 x 1400 x 1420 mm
Radstand	1820 mm
Spurweite v/h	1210/1210 mm
Leer- / zuläss. Ges.-Gewicht	400/700 kg
Verbrauch	-
Höchstgeschwind.	65 km/h
Preis	–
Produktionszahlen	1 Stück

Dornier Delta II/G

Mit Schiebetüren war der Delta II ausgestattet, den Dornier am 15. September 1969 der Öffentlichkeit zeigte. Der nur 2,10 m kurze Zweisitzer trug im Heck einen Goggomobil-Motor. Die Seitenteile der Karosserie waren aus Boots-Sperrholz und mit Kunststoff-Folie überzogen. Die Hinterachse stammte vom Goggomobil, war aber gedreht worden. Die österreichische Firma Steyr-Puch dachte über einen Lizenzbau nach, konnte sich jedoch letztendlich nicht dazu entschließen. Weil Steyr-Puch Interesse am Delta II zeigte, baute Dornier seinen Prototyp auf deren Motor um. Durch die weiche ABS-Kunststoff-Karosserie wurde der Wagen sehr leicht und entpuppte sich als außerordentlich geländegängig. Die Windschutzscheibe ließ sich herunterklappen. Wegen der angeblich leichten Brennbarkeit des ABS-Kunststoffs erhielt der Delta II G keine TÜV-Zulassung.

Modell	Dornier Delta II G
Bauzeit	Debüt: 1971
Karosserie	Roadster, 2 Sitze
Motor	luft-/gebläsegek. Zweizyl.-Viertakt-Boxer
Bohrung/Hub/Hubr.	70/64 mm/493 cm^3
Leistung	20 DIN-PS bei 5000 U/min
Max. Drehmoment	3,3 mkp bei 3000 U/min
Kraftübertragung	Viergang-Getr. m. Ratschensch.
Fahrwerk	Kunststoff-Kar. (ABS) m. Kastenprofilrahmen, vo. Dreiecksquerl., hi. Dreieck-Schrägl., vo. u. hi. Schraubenf., Teleskopstoßd.
Bremsen	hydr. Vierrad-Trommelbr.
Lenkung	Zahnstangenl.
L x B x H	2200 x 1465 x 1650 mm
Radstand	300 mm
Spurweite v/h	1180/1180 mm
Leer- / zuläss. Ges.-Gewicht	545/845 kg
Verbrauch	4,7 l/100 km
Höchstgeschwind.	70 km/h
Preis	–
Produktionszahlen	1 Stück

Dornier Delta 2 e

Der Delta 2 e wurde von den Elektrizitätswerken Badenwerk und der Energieversorgung Schwaben finanziert. Bei den Olympischen Spielen 1972 in München wurde der Delta 2 e als Begleitwagen für den Marathonlauf (20 km- und 40-km-Gehen) eingesetzt. Im Pulk mit anderen Elektrowagen, wie etwa den BMW 1602 mit Batteriesätzen, erfüllte er brav seine Aufgaben.

Modell	Dornier Delta 2 e
Bauzeit	Debüt: Aug. 1972
Karosserie	Coupé, 2 Sitze
Motor	angeflanschter Bosch-Gleichstromm.; 11,4 PS bei 60 Volt Speisespannung
Max. Drehmoment	2400 U/min
Kraftübertragung	Motor für Vor- u. Rückw.fahrt
Fahrwerk	Stahlblech-Kar., Kastenprofil-Rahmen, vo. Längsl., hi. Dreieck-Schrägl., vo. u. hi. Schraubenf., Teleskopstoßd.
Bremsen	hydr. Vierrad-Trommelbr.
Lenkung	ZF-Einfingerl.
L x B x H	2300 x 1460 x 1570 mm
Radstand	850 mm
Spurweite v/h	1135/1135 mm
Leer- / zuläss. Ges.-Gewicht	546/1396 kg
Höchstgeschwind.	60 km/h
Preis	–
Produktionszahlen	3 Stück

Dornier Delta II SR

Da sich die französische Autofirma Renault für das Delta II interessierte, baute Claudius Dornier jr. sein Gefährt auf einen Renault-R-4-Motor um. Die ganzen Wintermonate 1973/74 fuhr das Delta im Fahrversuch in und um Paris herum. Doch im Frühjahr 1974 gab Renault den Versuchswagen zurück mit der Bemerkung, die Tochterfirma Alpine habe auch ein Stadtfahrzeug in Entwicklung und das müsse den Vorzug erhalten.
Der Delta II SR wurde als kleiner Geländewagen ausgelegt, mit abklappbarer Frontscheibe, mit Faltverdeck und ohne Seitenscheiben.

Modell	Dornier Delta II SR
Bauzeit	Debüt: Sept. 1973
Karosserie	Coupé, 2 Sitze
Motor	wassergek. Vierzyl.-Viertakt
Bohrung/Hub/Hubr.	55,8/80 mm/782 cm^3
Leistung	27,5 DIN-PS bei 5000 U/min
Max. Drehmoment	5,3 mkp bei 2500 U/min
Kraftübertragung	vollsynchr. Viergang-Getr.
Fahrwerk	Stahlblech-Kar., Kastenprofil-Rahmen, vo. Dreieckquerl., hi. Dreieck-Schrägl., vo. u. hi. Schraubenf., Teleskopstoßd.
Bremsen	hydr. Vierrad-Trommelbr.
Lenkung	Zahnstangenl.
L x B x H	2200 x 1465 x 1680 mm
Radstand	1400 mm
Spurweite v/h	1180/1180 mm
Leer- / zuläss. Ges.-Gewicht	540/880 kg
Verbrauch	5,6 l/100 km
Höchstgeschwind.	90 km/h
Preis	–
Produktionszahlen	1 Stück

Econom Teddy

Seit 1937 war der Ingenieur Hellmuth Butenuth Ford-Händler in Berlin geworden. Nebenher gründete er das Econom-Werk, das sich der Konstruktion von kommunalen Nutzfahrzeugen widmete. Er wusste um den Bedarf an einem kleinen Auto und baute deshalb von Herbst 1949 an einen türlosen, zweisitzigen Roadster, bei dem ein dritter Sitzplatz hinten mit einer Segeltuchplane abgedeckt wurde. Die Karosserie bestand aus einer nur nach einer Seite gezogenen Blechplatte, an die nur noch vorn und hinten Stirnwände angeschweißt wurden. Exemplar zwei besaß bereits zwei Seitentüren (Foto), Exemplar drei sogar einen verchromten Frontgrill, sowie eine gewölbte Frontscheibe. Zu einer Serienproduktion kam es nicht.

Modell	Econom Teddy
Bauzeit	Debüt: Juni 1950
Karosserie	Roadster, 2+1 Sitze
Motor	luft-/gebläsegek. Einzyl.-Zweitakt
Bohrung/Hub/Hubr.	68/68 mm/245 cm³
Leistung	6,5 DIN-PS bei 3500 U/min
Max. Drehmoment	1,57 mkp bei 2500 U/min
Kraftübertragung	Dreigang-Getriebe
Fahrwerk	Rohrahmen, aufgeschw. Stahlblechkar., Querl., hi. Starrachse o. Differential, Teleskopstoßd.
Bremsen	mech. Trommelbr. (Hinterräder)
Lenkung	Zahnstangenl.
L x B x H	2150 x 1130 x 900 mm
Radstand	1600 mm
Spurweite v/h	920/760 mm
Leer- / zuläss. Ges.-Gewicht	270/410 kg
Verbrauch	3,5 l/100 km
Höchstgeschwind.	70 km/h
Preis	geplant: 2.000 DM
Produktionszahlen	3 Stück

Fend Flitzer

Der ehemalige Flugzeug-Konstrukteur der Messerschmitt-Werke, Fritz Fend, machte sich nach dem Krieg mit dem Bau eines winzigen überdachten Rollers selbstständig. Ein Dreirad mit Fahrradrädern und hinterem Einzelrad. Aus leichtem Aluminiumblech und einer Plexiglasscheibe entstand ein Einsitzer, der sich durch Vor- und Zurückdrücken eines Lenkhebels bewegte. Der Ein- und Ausstieg erfolgte durch das Hochklappen einer vorn angeschlagenen, nach oben zu öffnenden Kuppel. Am 5. Oktober 1947 war dieses Fortbewegungsmittel erstmals im Einsatz, allerdings nun mit einem Fuß-Pendel-Antrieb. Wenige Monate später wurde es mit einem 38-cm³-Einzylinder-Zweitakt-Motor von Victoria ausgestattet, der eigentlich als Fahrrad-Hilfsmotor gedacht war. Am 19. Juni 1948 war der Flitzer fahrbereit und im August begann die handwerkliche Fertigung. Bis März 1949 entstanden insgesamt 30 Exemplare.
An einer verbesserten Version vom März 1948 experimentierte Fend mit einer Karosserie aus Papier und Kleber, doch die Versuche misslangen. Es blieb bei einer Stahlkarosse.

Modell	Fend Flitzer
Bauzeit	Aug. 1948–März 1949
Karosserie	Kabinenroller, 1 Sitz
Motor	luftgek. Einzyl.-Zweitakt
Bohrung/Hub/Hubr.	–/–/38 cm³
Leistung	1 DIN-PS bei 5500 U/min
Max. Drehmoment	–
Kraftübertragung	Zweigang-Getriebe
Fahrwerk	Rohrrahmen, Stahlblechkar., Starrachse vo., hi. ungefed. Fahrrad-Hinterradgabel, hi. Einzelrad
Bremsen	Fahrrad-Nabenbr. (Hinterrad)
Lenkung	Achsschenkell.
L x B x H	2000 x 1151 x 1100 mm
Radstand	1500 mm
Spurweite v/h	1000/- mm
Leer- / zuläss. Ges.-Gewicht	75/- kg
Verbrauch	1,2 l/100 km
Höchstgeschwind.	40 km/h
Preis	938 DM
Produktionszahlen	ca. 30 Stück

Fend Kabinenroller

Modell	Fend Kabinenroller
Bauzeit	März 1950–Dez. 1951
Karosserie	Kabinenroller, 1 Sitz
Motor	luft-/gebläsegek. Einzyl.-Zweitakt
Bohrung/Hub/Hubr.	48/54 mm, 98 cm^3
Leistung	4,5 DIN-PS bei 4500 U/min
Max. Drehmoment	0,7 mkp bei 3000 U/min
Kraftübertragung	Dreigang-Ziehkeilgetr.
Fahrwerk	Rohrrahmen, Stahlblechkar., vo. Starrachse, hi. Triebsatz-Schwinge, hi. Einzelrad
Bremsen	Fahrrad-Nabenbr. (Hinterrad)
Lenkung	Achsschenkell.
L x B x H	2000 x 1151 x 1100 mm
Radstand	1500 mm
Spurweite v/h	1000/- mm
Leer- / zuläss. Ges.-Gewicht	120/- kg
Verbrauch	2,8 l/100 km
Höchstgeschwind.	75 km/h
Preis	1.285 DM
Produktionszahlen	154 Stück

Im März 1950 brachte Fend eine wiederum verbesserte Version auf den Markt, diesmal »Kabinenroller« genannt. Der Einsitzer war entweder mit einer wegklappbaren Kuppel oder als Roadster lieferbar. Die Kuppel war – ähnlich einer Luftmatratze – ein aufblasbares, durchsichtiges Kunststoff-Verdeck mit diversen Luftkammern. Im Heck steckte ein 98-cm^3-Riedel-Einzylinder-Motor mit querliegendem Zylinder. Er leistete 4,5 PS. Der Fend Kabinenroller besaß eine leicht geänderte Form mit spitzerem Bug. Gebaut wurden von März 1950 bis Dezember 1951 genau 154 Exemplare. Im Januar 1952 nahm Fend Kontakt zu Professor Willy Messerschmitt auf, der nach dem Ende des Kriegs keine Flugzeuge mehr bauen durfte und in seinen Hallen Eisenbahnwaggons reparierte. Messerschmitt griff Fends Ideen gerne auf. Eine Weiterentwicklung des Fend Kabinenrollers entstand als Messerschmitt Kabinenroller.

FMR Tg 500

Unter dem Namen Tiger wurde eine vierrädrige Version des Kabinenrollers zur Frankfurter Auto-Ausstellung 1957 vorgestellt. Fend kündigte an, dass der Tiger mit einem 400- und einem 500-cm³-Motor lieferbar sein würde. Nach Serienanlauf musste der Name Tiger weichen: die Firma Krupp hatte sich den Namen für ihre Lkws schützen lassen. Im Heck saß nun ausschließlich der 490-cm³-19,9-PS-Zweizylinder-Zweitakter von Fichtel & Sachs, der ursprünglich mit 24,5 PS angekündigt worden war. Mit einer Spitze von 126 km/h war der Tg 500 so schnell wie Wagen der gehobenen Mittelklasse. Der vierrädrige FMR Tg 500 trug das Reserverad hinten am Heck offen.
Im Mai 1958 begann die kleine Serienfertigung. Nur 320 Exemplare wurden gebaut.

Modell	FMR Tg 500
Bauzeit	Mai 1958–Nov. 1961
Karosserie	Kabinenroller, 2 Sitze
Motor	luft-/gebläsegek. Zweizyl.-Zweitakt
Bohrung/Hub/Hubr.	67/70 mm/494 cm³
Leistung	19,9 DIN-PS
Max. Drehmoment	3,4 mkp bei 4000 U/min
Kraftübertragung	Viergang-Getr., H-Schalt.
Fahrwerk	Rohrrahmen, Bodenwanne u. Stahlblechkar. verschw., vo. Querl., Gummif., hi. Pendelachse, Schraubenf., vo. u. hi. hydr. Teleskopstoßd.
Bremsen	hydr. Trommelbr. (auf alle Räder)
Lenkung	Achsschenkell.
L x B x H	3000 x 1270 x 1245 mm
Radstand	1635 mm
Spurweite v/h	1110/1040 mm
Leer- / zuläss. Ges.-Gewicht	350/560 kg
Verbrauch	5,7 l/100 km
Höchstgeschwind.	130 km/h
Preis	3.725 DM
Produktionszahlen	320 Stück

Fuldamobil (Prototyp)

Modell	Fuldamobil (Prototyp)
Bauzeit	Debüt: 9. März 1950
Karosserie	Coupé, 2 Sitze
Motor	luftgek. Einzyl.-Zweitakt
Bohrung/Hub/Hubr.	-/-/198 cm^3
Leistung	6,5 DIN-PS bei 3800 U/min
Max. Drehmoment	1,0 mkp bei 2800 U/min
Kraftübertragung	Dreigang-Getr., Klauenschalt.
Fahrwerk	Kar. (Holzrahmen m. aufgenageltem Stahlblech) m. Zentralrohrrahmen verschr., vo. Pendelachse, hi. Hinterradschwinge, Schraubenf. vo. u. hi.
Bremsen	mech. Trommelbr. (Vorderräder)
Lenkung	Kettenlenkung
L x B x H	2720 x 1400 x 1320 mm
Radstand	1500 mm
Spurweite v/h	1200/– mm
Leer- / zuläss. Ges.-Gewicht	310/460 kg
Verbrauch	3,5 l/100 km
Höchstgeschwind.	65 km/h
Preis	1.850 DM
Produktionszahlen	1 Stück

Karl Schmitt war Inhaber der Firma »Elektromaschinenbau Fulda« in Fulda, eine Firma, die Bosch-Produkte vertrieb und betreute. Sie stellte am 9. März 1950 – ausgerechnet im Faschingszug – einen Kleinwagen mit zwei Seitentüren, geteilter Frontscheibe und hinterem Einzelrad vor. Konstruiert hatte ihn der Journalist und Technik-Student Norbert Stevenson (Foto). Er baute zuerst ein Zentralrohrrahmen-Fahrwerk. Die Vorderachse war so ausgelegt, dass sie einen negativen Lenkrollradius aufwies. Die Karosserie bestand aus Holzrahmen und war mit Stahlblechen verkleidet. Angelassen wurde der Motor über einen Seilzug im Innenraum. Der Wagen galt als Versuchsexemplar und blieb ein Einzelstück.
Um Weihnachten 1950 wurde ein weiteres Exemplar fertig mit einer Karosserie ganz aus Holz.

Fuldamobil/ Forelle

Im Februar 1951 begann eine handwerkliche Serienfertigung des Fuldamobils nun mit einteiliger Frontscheibe und 1,80 m Radstand. Das von Juni bis August 1951 gefertigte Fuldamobil wurde in handwerklicher Serie gebaut und war wieder nach Rezepten des Wohnwagenbaus entstanden: Holzrahmen mit – aus Mangel an Stahlblechen – Sperrholz-Platten-Verkleidung. Diese Abart des Fuldamobils erhielt eine querliegende Blattfeder an die Vorderachse, was den Fahrkomfort wesentlich erhöhte. Im Juli 1951 kam das Modell »Forelle«. Es hatte erstmals einen ausgeprägt runden Bug und deshalb im Werk den Spitznamen »Busen-Auto«. Die Forelle hatte eine Holzrahmen-gestützte Karosserie, die mit Holzplatten verkleidet war. Dies war schon aus Gründen der knappen Rohstoffe nötig. Die Form des Wagens verjüngte sich nach oben. Scheinwerfer waren nun in die Karosserie eingebaut, Stoßstangen fehlten ganz.

Modell	Fuldamobil
Bauzeit	Juni 1951–Aug. 1951
Karosserie	Coupé/Road., 2 Sitze
Motor	luft-/gebläsegek. Einzyl.-Zweitakt
Bohrung/Hub/Hubr.	87/70 mm/248 cm^3
Leistung	8,5 DIN-PS bei 4200 U/min
Max. Drehmoment	1,5 mkp bei 3000 U/min
Kraftübertragung	Dreigang-Getr. (Hurth)
Fahrwerk	Kar. verschr. m. Zentralrohrrahmen, vo. Pendelachse m. Blattfeder, hi. Hinterradschwinge m. Schraubenf. u. mech. Teleskopstoßd.
Bremsen	mech. Trommelbr. (auf Vorderräder)
Lenkung	Kettenlenkung
L x B x H	2750 x 1397 x 1346 mm
Radstand	1800 mm
Spurweite v/h	1200/- mm
Leer- / zuläss. Ges.-Gewicht	336/470 kg
Verbrauch	4,5 l/100 km
Höchstgeschwind.	75 km/h
Preis	2.250 DM
Produktionszahlen	26 Stück

Fuldamobil

Fuldamobil N-1

Ab August wurde der N-1 gebaut, wiederum mit leicht veränderter Form, nun mit zwei am oberen Frontscheibenrand angebrachten Scheibenwischern. Die Karosserie bestand wieder aus einem Holzrahmen, der mit Sperrholzplatten verkleidet war, aber nochmals durch Kunstleder geschützt war. Der Wagen hatte die – inzwischen bewährte – Kettenlenkung mit dem negativen Lenkrollradius. Das hintere Einzelrad hing sogar an einem mechanischem Teleskopstoßdämpfer. Die Karosserie war wiederum etwas länger.
Bis September 1952 wurden insgesamt 320 Exemplare gebaut. Mit dem N-1 kam bei Fuldamobil erstmals eine richtige Serienfertigung zustande. Der Motor stammte von Baker & Pölling.

Modell	Fuldamobil N-1
Bauzeit	Aug. 1951–Sept. 1952
Karosserie	Coupé/Road.: 2 Sitze
Motor	luft-/gebläsegek. Einzyl.-Zweitakt
Bohrung/Hub/Hubr.	-/-/248 cm^3
Leistung	8,5 DIN-PS bei 4200 U/min
Max. Drehmoment	1,5 mkp bei 3000 U/min
Kraftübertragung	Dreigang-Getr. (Hurth)
Fahrwerk	Kar. m. Zentralrohrrahmen u. Sperrholzbodenpl. verschr., vo. Pendelachse m. Blattfeder, hi. Hinterradschwinge m. Schraubenf. u. mech. Teleskopstoßd.
Bremsen	mech. Trommelbr. (auf Vorderräder)
Lenkung	Kettenlenkung
L x B x H	2850 x 1397 x 1280 mm
Radstand	1800 mm
Spurweite v/h	1200/– mm
Leer- / zuläss. Ges.-Gewicht	315/480 kg
Verbrauch	4,5 l/100 km
Höchstgeschwind.	75 km/h
Preis	2.490 DM
Produktionszahlen	ca. 320 Stk.

Fuldamobil N-2

Der Typ N-2 besaß eine Karosserie mit hinteren Seitenfenstern, sodass der Eindruck eines Viersitzers entstand. Die vorderen Seitenfenster besaßen Dreieck-Ausstellfenster. Besonders auffällig war aber die gehämmerte Aluminium-Karosserie, die eine Lackierung überflüssig machte. Wegen seines silbrigen Aussehens trug der N-2 den Spitznamen »Silberfloh«. Der N-2 konnte nur mit einem trockenen Tuch gesäubert werden. Unterm Blech wurde der bisherige Baker & Pölling-Motor gegen ein Triebwerk von Fichtel & Sachs ausgetauscht. Der N-2 bot schon – gegen Aufpreis – eine Sitzbank mit zurückklappbarer Rückenlehne als Liegesitze an. Bis August 1955 wurden etwa 380 Exemplare gebaut. Das Fuldamobil N-2 gehörte zu den besonders zuverlässigen Kleinstwagen unterhalb des Lloyd LP 400 und erfreute sich deshalb in den Jahren 1953 und 1954 besonderer Beliebtheit bei Kunden.

Modell	Fuldamobil N-2
Bauzeit	Sept. 1952–Aug. 1955
Karosserie	Coupé/Road.: 2+2/2 Sitze
Motor	luft-/gebläsegek. Einzyl.-Zweitakt
Bohrung/Hub/Hubr.	-/-/359 cm³
Leistung	9,5 DIN-PS bei 3400 U/min
Max. Drehmoment	2,3 mkp bei 1500 U/min
Kraftübertragung	Dreigang-Getr. (Hurth)
Fahrwerk	Kar. m. Zentralrohrrahmen u. Sperrholzbodenpl. verschr., vo. Pendelachse m. Blattfeder, hi. Hinterradschw. m. Schraubenf., mech. Teleskopstoßd.
Bremsen	mech. Trommelbr. (auf Vorderräder)
Lenkung	Kettenlenkung
L x B x H	2850 x 1397 x 1280 mm
Radstand	1800 mm
Spurweite v/h	1200/– mm
Leer- / zuläss. Ges.-Gewicht	305/470 kg
Verbrauch	4,5 l/100 km
Höchstgeschwind.	80 km/h
Preis	2.780 DM
Produktionszahlen	380 Stück

Fuldamobil S-1

(als Lizenz: NWF 200 vom Nordwestdeutschen Fahrzeugbau)

Modell	Fuldamobil S-1
Bauzeit	Nov. 1954–Aug. 1955
Karosserie	Coupé, 2 Sitze
Motor	luft-/gebläsegek. Einzyl.-Zweitakt
Bohrung/Hub/Hubr.	62/66 mm/197 cm³
Leistung	9,5 DIN-PS bei 4900 U/min
Max. Drehmoment	1,4 mkp bei 3200 U/min
Kraftübertragung	Dreigang-Getr. (Hurth)
Fahrwerk	Aluminiumkar. m. Stahlrohrrahmen u. Sperrholz-Bodenpl. verschr., vo. Pendelachse m. Blattf., hi. Hinterradschwinge m. Schraubenf., hydr. Teleskopstoß.
Bremsen	mech. Trommelbr. (auf Vorderräder)
Lenkung	Zahnstangenl.
L x B x H	2979 x 1470 x 1330 mm
Radstand	1800 mm
Spurweite v/h	1240/– mm
Leer- / zuläss. Ges.-Gewicht	375/525 kg
Verbrauch	4,0 l/100 km
Höchstgeschwind.	80 km/h
Preis	ab 2.990 DM
Produktionszahlen	ca. 430 Stück

Vor allem wegen der eckigen Form wurde das Fuldamobil als besonders bieder angesehen. Um dies zu ändern, zeigte der Elektromaschinenbau Fulda den S-1. Dank eines neuen Fertigungsverfahrens der Aluminiumwerke in Wehrdol ließen sich Aluminiumbleche warm ziehen. So konnte man preiswert rundliche Formen bieten. Die Scheinwerfer waren etwas herausgehoben, Stoßstangen fehlten völlig, das Bullaugen-Heckfenster war dreieckig geformt und drumherum gab es eine winzige Heckklappe. Das Dreirad hatte nun einen Stahlrohr-Stützrahmen und als Boden eine Sperrholzplatte. Im März 1954 begann die Serienfertigung.

Am 1. Juli 1954 fand sich zusätzlich ein Lizenznehmer, der das Fuldamobil S-1 nun als NWF 200 in großen Serien bauen wollte. Die Fahrzeuge des Nordwestdeutschen Fahrzeugbaus in Wilhelmshaven waren komplett identisch, trugen aber eine Regenleiste, die bis zur unteren Türkante durchgezogen war. Die Träume von den ganz großen Produktionszahlen erfüllten sich nicht, weil der Trend zum vierrädrigen Auto ging. NWF rutschte im August 1955 in Konkurs. Der S-1 wurde weiter allein in Fulda gebaut.

Fuldamobil S-2

Schon während NWF den S-1 baute, entstand in Fulda der S-2. Das Fuldamobil S-2 trug unterm Blech einen Fichtel & Sachs-Heckmotor, besaß eine geschlossene Front, hinter der das Reserverad lag, und äußerlich vorn und hinten kleine Rohr-Stoßstangen. Mit dem Fichtel & Sachs-Motor erhielt der S-2 auch das Getriebe mit Rückwärtsgang durch Drehsinnwechsel des Motors (ähnlich wie im Messerschmitt Kabinenroller). Der elektrische Anlasser gehörte nun zur Serienausstattung. Im Fahrwerk glich der S-2 dem S-1. Es entfielen bei S-2 die Luftkiemen an der Seite. Das Fuldamobil hatte eine beachtliche Reife erreicht, trotzdem stand fest: die große Zeit des Fuldamobils war vorüber. Modernere Konstruktionen begeisterten die Kunden. Das Fuldamobil spielte nur noch eine Nebenrolle.

Modell	Fuldamobil S-2
Bauzeit	Nov. 1954–Sept. 1955
Karosserie	Coupé, 2+2 Sitze
Motor	luft-/gebläsegek. Einzyl.-Zweitakt
Bohrung/Hub/Hubr.	65/58 mm/359 cm³
Leistung	10,2 DIN-PS bei 5250 U/min
Max. Drehmoment	1,5 mkp bei 4000 U/min
Kraftübertragung	Viergang-Getriebe
Fahrwerk	Aluminiumkar. m. Stahlrohrrahmen u. Sperrholz-Bodenpl. verschr., Pendelachse vo. m. Blattf., hi. Hinterradschwinge m. Schraubenf., hydr. Teleskopstoßd.
Bremsen	mech. Trommelbr. (auf Vorderräder)
Lenkung	Zahnstangenlenkung
L x B x H	2870 x 1470 x 1330 mm
Radstand	1800 mm
Spurweite v/h	1240 mm
Leer- / zuläss. Ges.-Gewicht	360/525 kg
Verbrauch	4,5 l/100 km
Höchstgeschwind.	85 km/h
Preis	2.780 DM
Produktionszahlen	430 Stück

Fuldamobil S-4

Modell	Fuldamobil S-4
Bauzeit	Sept. 1955–Okt. 1956
Karosserie	Coupé/Road.: 2+2/2 Sitze
Motor	luft-/gebläsegek. Einzyl.-Zweitakt
Bohrung/Hub/Hubr.	65/68 mm/191 cm^3
Leistung	10 DIN-PS bei 5250 U/min
Max. Drehmoment	1,5 mkp bei 4000 U/min
Kraftübertragung	Viergang-Getriebe
Fahrwerk	Aluminiumkar. m. Stahlrohrrahmen u. Sperrholz-Bodenpl. verschr., vo. Radaufhäng. an Blattf. u. senkr. Führungsrohren, hi. Hinterradschwinge, Schraubenf., Teleskopstoßd.
Bremsen	mech. Trommelbr. (auf Vorderräder)
Lenkung	Zahnstangenl.
L x B x H	3100 x 1470 x 1330 mm
Radstand	1900 mm
Spurweite v/h	1240/400 mm
Leer- / zuläss. Ges.-Gewicht	390/590 kg
Verbrauch	4,5 l/100 km
Höchstgeschwind.	85 km/h
Preis	2.780 DM
Produktionszahlen	169 Stück

Im September 1955 erschien die neue Variante des Fuldamobils. Dem Trend zum Vierrad, den die Isetta gesetzt hatte, kam das Fuldamobil mit einer Schmalspur-Hinterachse entgegen. Der Radstand war um 100 mm gewachsen. Die Vorderräder wurden nicht mehr von einer Pendelachse, sondern nur noch von einer querliegenden Halbelliptikfeder mit zwei senkrechten Führungsrohren geführt. Damit entfiel der negative Lenkrollradius. Von dem S-4 gab es aber nur 168 Exemplare, der neue Star am Kleinstwagenhimmel war die Isetta und das Goggomobil, obwohl das Fuldamobil einen beachtlichen Reifegrad erreicht hatte.

Fuldamobil S-6

Trotz härtester Konkurrenz gab Schmitt den Kampf um Kunden nicht auf. Er baute den S-6: Das kleine Dreieck-Bullaugenfenster wurde durch eine große Heckscheibe ersetzt, dafür entfiel die Heckklappe ganz. Initiiert wurde der S-6 vor allem durch die Motorradfabrik Zündapp. Sie litt unter der Motorradverkaufskrise und wollte schnellstmöglich einen Kleinwagen herausbringen. Dazu kam die Idee auf, doch das lang bewährte Fuldamobil zu adoptieren. Dabei hatte den Zündapp-Technikern am S-4 missfallen, dass das Heckfenster zu klein sei. Schmitt schloss mit Zündapp im Dezember 1955 einen Lizenzvertrag, hernach gab er dem Fuldamobil S-6 eine große Heckscheibe und einige Verbesserungen am Fahrwerk. Doch im Februar 1956 überlegte es sich Zündapp anders. Man kaufte sich mit 40.000 DM aus den Lizenzverträgen frei, um einen Viersitzer ins Programm zu nehmen. Trotzig baute Schmitt den S-6 selbst ab Oktober 1956 bis Juni 1957.

Modell	Fuldamobil S-6
Bauzeit	Okt. 1956–Juni 1957
Karosserie	Coupé, 2+2 Sitze
Motor	luft-/gebläsegek. Einzyl.-Zweitakt
Bohrung/Hub/Hubr.	65/68 mm/191 cm³
Leistung	10 DIN-PS bei 5250 U/min
Max. Drehmoment	1,5 mkp bei 4000 U/min
Kraftübertragung	Viergang-Getriebe
Fahrwerk	Aluminiumkar. m. Stahlrohrrahmen u. Sperrholz-Bodenpl. verschr., vo. Radaufhäng. an Blattf. m. Führungsrohren, hi. Hinterachsschwinge, Schraubenf., Teleskopstoßd.
Bremsen	mech. Trommelbr. (auf Vorderräder)
Lenkung	Zahnstangenl.
L x B x H	3100 x 1470 x 1330 mm
Radstand	1900 mm
Spurweite v/h	1240/400 mm
Leer- / zuläss. Ges.-Gewicht	375/600 kg
Verbrauch	4,5 l/100 km
Höchstgeschwind.	80 km/h
Preis	2.890 DM
Produktionszahlen	ca. 123 Stück

Fuldamobil S-7

Im Juli 1957 erschien das Fuldamobil nun in einer Kunststoffkarosserie mit noch runderen Formen in Zweifarbenlackierung, mit dem – von Kunden so begehrten – funktionslosen Kühlergrill und noch größerer Heckscheibe. Gewachsen war Radstand und Karosserie. In der Technik blieb es unverändert. Das Fuldamobil S-7 spielte nur noch eine Nebenrolle im Kleinwagenmarkt. Bis 1965, also 8 Jahre, wurde es unverändert gebaut – in nur 440 Stück. Weil der Zweitakt-Motor von Fichtel & Sachs nicht mehr lieferbar war, schien die Zukunft des zum Oldtimer herangewachsenen S-7 gefährdet. Schmitt fand als Ersatz den 194-cm^3-Einzylinder-Viertakter bei Heinkel. Der S-7 wurde ein letztes Mal aufgemöbelt. Er erhielt hydraulische Bremsen, die Vorderräder hingen an richtigen Federbeinen, die Reifengröße stieg an. Das Fuldamobil – nun von hoher Reife – war nun nur noch ein Exote am Markt. Bis Frühjahr 1969 wurde es noch in 260 Exemplaren gebaut, dann wurde die Produktion eingestellt, der Elektromaschinenbau Fulda wandte sich wieder dem Service mit Bosch-Erzeugnissen zu.

Modell	Fuldamobil S-7
Bauzeit	Juli 1957–Sept. 1965
Karosserie	Coupé/Roadst.: 2+2/2 Sitze
Motor	luft-/gebläsegek. Einzyl.-Zweitakt
Bohrung/Hub/Hubr.	65/68 mm/191 cm^3
Leistung	10 DIN-PS bei 5250 U/min
Max. Drehmoment	1,5 mkp bei 4000 U/min
Kraftübertragung	Viergang-Getriebe
Fahrwerk	Kunststoff-Kar. m. Stahlrohrrahmen u. Sperrholz-Bodenpl. verschr., vo. senkr. Führungsrohre, Blattfeder, hi. Hinterradschwinge, vo. u. hi. hydr. Teleskopstoßd.
Bremsen	mech. Trommelbr. (auf Vorderräder)
Lenkung	Zahnstangenl.
L x B x H	3150 x 1430 x 1350 mm
Radstand	2100 mm
Spurweite v/h	1220/400 mm
Leer- / zuläss. Ges.-Gewicht	320/580 kg
Verbrauch	4.7 l/100 km
Höchstgeschwind.	80 km/h
Preis	3.100 DM
Produktionszahlen	ca. 440 Stück

Goggomobil Vierradroller

Weil das Geschäft mit Motorrollern zurückging, entwickelte die Landmaschinen- und Motorroller-Fabrik »Isaria« (später umbenannt in »Goggomobil-Werk«) im Herbst 1954 ein winziges Auto. Beeinflusst von der italienischen Isetta erhielt die Karosserie anfangs eine links angeschlagene, nach vorn zu öffnende Fronttür. Die Lenksäule blieb auch bei aufgeklappter Tür stehen und über den umlegbaren Beifahrersitz gelangten die Insassen zu den Hintersitzen.
Hans Glas taufte das kleine Auto nach dem Kosenamen seines ältesten Enkels »Goggo« (Bayerisch für Gockerl = Hahn). Der Motorroller hieß schon so und das Auto bekam das -mobil angehängt. Die Prospekte waren schon gedruckt, da bauten die Erbauer ihr Mobil nochmals um – auf Seitentüren.

Modell	Goggomobil Vierradroller
Bauzeit	Sept. 1954
Karosserie	Rolldach-Lim., 2+2 Sitze
Motor	luft-/gebläsegek. Zweizyl.-Zweitakt
Bohrung/Hub/Hubr.	53/56 mm, 200 cm^3
Leistung	9 DIN-PS bei 5500 U/min
Max. Drehmoment	2,02 mkp bei 4400 U/min
Kraftübertragung	Viergang-Getriebe
Fahrwerk	Plattformrahmen m. Stahlblechkar. verschr., vo. Schwingachse, hi. Pendelachse, vo. u. hi. Schraubenf., hydr. Teleskopstoßd.
Bremsen	hydr. Vierrad-Trommelbr.
Lenkung	Zahnstangenl.
L x B x H	2700 x 1260 x 1250 mm
Radstand	1800 mm
Spurweite v/h	1090/1090 mm
Leer- / zuläss. Ges.-Gewicht	315/– kg
Verbrauch	3,5 l/100 km
Höchstgeschwind.	80 km/h
Preis	-
Produktionszahlen	12 Stück (Vorserie)

Goggomobil T 250

Im Januar 1955 entstand in dem niederbayerischen Dingolfing ein völlig verändertes Goggomobil, nun mit Seitentüren und völlig neuer Front- und Heckgestaltung. Das Goggomobil trug einen selbst konstruierten und gebauten 250-cm³-Zweizylinder-Zweitakt-Heckmotor, der 14 PS leistete und hatte seitliche Schiebefenster. Die Türen öffneten nach vorne, die Lüftung des Motors übernahmen muschelförmige Ausbuchtungen am Heck. In der ersten Serie war das Dach noch rundlich gehalten, die Frontscheibe klein ausgefallen. Die einzelnen Karosserieteile wurden – weil die Schweißmaschinen noch nicht lieferbar waren – vorerst noch von Hand zusammengeschraubt.

Modell	Goggomobil T 250
Bauzeit	Januar 1955
Karosserie	Rolldachlim., 2+2 Sitze
Motor	luft-/gebläsegek. Zweizyl.-Zweitakt
Bohrung/Hub/Hubr.	53/56 mm/247 cm³
Leistung	14,1 DIN-PS bei 5400 U/min
Max. Drehmoment	2,08 mkp bei 4400 U/min
Kraftübertragung	Viergang-Getriebe
Fahrwerk	Plattformrahmen m. Stahlblechkar. verschr., vo. Schwingachse, hi. Pendelachse, vo. u. hi. Schraubenf., hydr. Teleskopstoßd.
Bremsen	hydr. Öldruck-Vierrad-Trommelbr.
Lenkung	Zahnstangenl.
L x B x H	2900 x 1260 x 1250 mm
Radstand	1800 mm
Spurweite v/h	1090/1090 mm
Leer- / zuläss. Ges.-Gewicht	350/600 kg
Verbrauch	3,85 l/100 km
Höchstgeschwind.	80 km/h
Preis	3.562 DM
Produktionszahlen	ca. 50 Stück

Goggomobil T 250

Im April wurde das Goggomobil T 250 dann in Serienreife ausgeliefert. Da die Schweißvorrichtungen immer noch nicht geliefert waren, wurden die einzelnen Karosserieteile zusammengeschraubt und mit schwarzen Kunststoffleisten (Kedern) abgedeckt. Das Serien-Goggomobil war zu erkennen an der rundum laufenden Regenleiste – auch über der Frontscheibe, sowie den muschelartigen Kühlluft-eintritten am Heck. Das Goggomobil avancierte zu einem Verkaufsschlager, denn es war billiger als der Lloyd LP 400, bot 4 Sitze und hatte ausreichende Zuverlässigkeit.
Beliebtes Zubehör war ein funktionsloser Frontgrill und die große Sonnenblende über der Frontscheibe.

Modell	Goggomobil T 250
Bauzeit	März 1955–Sept. 1955
Karosserie	Lim., 2+2 Sitze
Motor	luft-/gebläsegek. Zweizyl.-Zweitakt
Bohrung/Hub/Hubr.	53/56 mm/247 cm^3
Leistung	14,1 DIN-PS bei 5500 U/min
Max. Drehmoment	2,02 mkg bei 4400 U/min
Kraftübertragung	Viergang-Getriebe
Fahrwerk	Plattformrahmen m. Stahlblechkar. verschr., vo. Pendelachse m. Querl., hi. Pendelachse m. Längsl., vo. u. hi. Schraubenf., hydr. Teleskopstoßd.
Bremsen	hydr. Vierrad-Trommelbr.
Lenkung	Zahnstangenlenkung
L x B x H	2900 x 1260 x 1300 mm
Radstand	1800 mm
Spurweite v/h	1090/1090 mm
Leer- / zuläss. Ges.-Gewicht	350/600 kg
Verbrauch	3,5 l/100 km
Höchstgeschwind.	80 km/h
Preis	2.940 DM
Produktionszahlen	5.000 Stück

Goggomobil T 300

Um den Wünschen nach einer stärkeren Motorisierung entgegenzukommen, bot Glas sein Goggomobil mit 300-cm³-Motor an. Die Version mit 300-cm³-Motor glich dem 250er, trug aber ein »300« in Schreibschrift auf der Heckhaube. Ausgegangen war diese Motorisierung von der Tatsache, dass es in Österreich keine Führerschein-4-Kundschaft gab. Deshalb wollte man das Goggomobil dort ausschließlich mit 300-cm³-18 PS liefern. Weil aber der 300-cm³-Motor erheblich mehr Durchzugskraft abgab, entschloss sich Glas in Deutschland die zusätzliche Motorvariante ins Programm zu nehmen.

Modell	Goggomobil T 300
Bauzeit	Okt. 1955–Okt. 1956
Karosserie	Lim., 2+2 Sitze
Motor	luft-/gebläsegek. Zweizyl.-Zweitakt
Bohrung/Hub/Hubr.	58/56 mm/293 cm³
Leistung	14,8 DIN-PS bei 5000 U/min
Max. Drehmoment	2,28 mkp bei 3800 U/min
Kraftübertragung	Viergang-Getriebe
Fahrwerk	Plattformrahmen m. Stahlblechkaros. verschw., vo. Pendelachse m. Querl., hi. Pendelachse m. Längsl., vo. u. hi. Schraubenf., hydr. Teleskopstoßd.
Bremsen	hydr. Vierrad-Trommelbr.
Lenkung	Zahnstangenl.
L x B x H	2900 x 1280 x 1310 mm
Radstand	1800 mm
Spurweite v/h	1090/1090 mm
Leer- / zuläss. Ges.-Gewicht	386/650 kg
Verbrauch	4,6 l/100 km
Höchstgeschwind.	95 km/h
Preis	3.157 DM
Produktionszahlen	13.936 Stück

Goggomobil T 250 (Modell 64)

Eigentlich wollte Glas im Jahre 1961 ein komplett neues Goggomobil herausbringen, mit der Typen-Nummer M-61. Es war etwas größer geraten, trug eine Bug-Kofferraumhaube und gewölbte Frontscheibe, sowie höher gelegte Scheinwerfer. Doch nach Ende der Entwicklungsarbeiten zeigte sich, dass kein Geld für die Produktionswerkzeuge vorhanden sein würde. Deswegen erhielt das Ur-Goggomobil eine Ausnahmegenehmigung und einen Umbau für 300.000 Mark: nach hinten öffnende, vorn angeschlagene Türen, so wie es der Gesetzgeber forderte.

Modell	Goggomobil T 250 (M 64)
Bauzeit	März 1964–25. Juni 1969
Karosserie	Lim., 4 Sitze
Motor	luft-/gebläsegek. Zweizyl.-Zweitakt
Bohrung/Hub/Hubr.	53/56 mm/247 cm^3
Leistung	13,6 DIN-PS bei 5400 U/min
Max. Drehmoment	2,02 mkp bei 4400 U/min
Kraftübertragung	Viergang-Getriebe
Fahrwerk	Plattformrahmen m. Stahlblechkar. verschw. vo. Pendelachse m. Querl., hi. Pendelachse m. Längsl., vo. u. hi. Schraubenf., hydr. Teleskopstoßd.
Bremsen	hydr. Vierrad-Trommelbr.
Lenkung	Zahnstangenl.
L x B x H	2900 x 1280 x 1310 mm
Radstand	1800 mm
Spurweite v/h	1090/1090 mm
Leer- / zuläss. Ges.-Gewicht	415/720 kg
Verbrauch	4,4 l/100 km
Höchstgeschwind.	80 km/h
Preis	ab 3.327 DM
Produktionszahlen	27.000 Stück

Foto: Archiv GLAS Automobilclub e.V.

Goggomobil TS 400

Das Goggomobil Coupé war der erste Kleinstwagen mit zweifarbiger Innenausstattung und elektrisch beheizbarer Panorama-Heckscheibe. Ab Oktober 1957 wurde das Coupé gegen Aufpreis auch mit dem 395-cm³-20-PS-Motor ausgestattet. Zu erkennen war es nur durch die Schreibschrift »400« auf der hinteren Motorhaube. Das Coupé war ein voller Verkaufserfolg.

Modell	Goggomobil TS 400
Bauzeit	Oktober 1957–Juni 1967
Karosserie	Coupé, 2+2 Sitze
Motor	luft-/gebläsegek. Zweizyl.-Zweitakt
Bohrung/Hub/Hubr.	67/56 mm/395 cm³
Leistung	20 DIN-PS bei 4000 U/min
Max. Drehmoment	2,9 mkg bei 4000 U/min
Kraftübertragung	Ziehkeilgetr. (elektr.magnet.)
Fahrwerk	Plattformrahmen m. Stahlblechkar. verschw., hydr. Teleskopstoßd., hi. Pendelachse m. Längsl., Schraubenf.
Bremsen	hydr. Vierrad-Trommelbr.
Lenkung	Zahnstangenl.
L x B x H	3035 x 1370 x 1235 mm
Radstand	1800 mm
Spurweite v/h	1090/1090 mm
Leer- / zuläss. Ges.-Gewicht	460/720 kg
Verbrauch	4,95 l/100 km
Höchstgeschwind.	105 km/h
Preis	3950 DM
Produktionszahlen	105.000 Stück

Isar S-35

Um die zu stärkeren Autos strebenden Käufer anzusprechen, baute Glas den Isar S 35. In der Grundform ein Goggomobil-Coupé, jedoch mit Frontmotor und Hinterradantrieb. Im Bug arbeitete der 688-cm³-Zweizylinder-Viertakter des Goggomobil T 700. Durch höhere Verdichtung und zwei Vergaser leistete die Maschine 35 PS, die später auf 34 PS gedrosselt wurden. Zur Frankfurter Autoshow im September 1959 zeigte man den Prototyp. Doch der Serienbau rechnete sich nicht. So blieb es bei drei Exemplaren.
Zudem war der Motor nach einer Vollgasfahrt von Frankfurt nach Dingolfing geplatzt, weshalb man künftig nur noch wassergekühlte Motoren baute.

Modell	Isar S-35
Bauzeit	Debüt: Sept. 1959
Karosserie	Coupé, 2 Sitze
Motor	luft-/gebläsegek. Zweizyl.-Viertakt
Bohrung/Hub/Hubr.	78/72 mm/688 cm³
Leistung	34 DIN-PS bei 5700 U/min
Max. Drehmoment	5,5 mkp bei 3500 U/min
Kraftübertragung	vollsynchr. Viergang-Getr.
Fahrwerk	selbsttrag. Stahlblechkar., vo. unt. Querl., ob. Längsl., Schraubenf., Gummihohlf., hi. Starrachse m. Halbelliptikf., Gummif., vo. u. hi. hydr. Teleskopstoßd.
Bremsen	hydr. Vierrad-Trommelbr.
Lenkung	Schneckenrollenl.
L x B x H	3180 x 1390 x 1225 mm
Radstand	1800 mm
Spurweite v/h	1150/1150 mm
Leer- / zuläss. Ges.-Gewicht	610/810 kg
Verbrauch	5,7 l/100 km
Höchstgeschwind.	135 km/h
Preis	geplant: 4.750 DM
Produktionszahlen	3 Stück

Goggomobil T 600 (Prototyp)

Mit einem größeren Wagen versuchte Glas 1957 die Monokultur um das Goggomobil zu beenden. Das »Große Goggomobil« besaß Frontmotor und Frontantrieb. Im Bug saß ein Zweizylinder-Viertakt-Boxer, von dem Kenner behaupteten, es sei eine Kopie des BMW-Motorradmotors. Das große Goggomobil besaß Breitbandtachometer, weißes Zweispeichenlenkrad, Zweifarbenlackierung, und eine vordere Sitzbank. Es gab sogar erste Anzeichen von Insassen-Sicherheit: Lenkrad mit versenkter Nabe, Bedienungstasten statt herausragender Knöpfe, vorn angeschlagene Motorhaube. Fahrbereit war der Prototyp des großen Goggomobils aber nicht, als er zur Frankfurter Auto-Ausstellung im September 1957 gezeigt wurde.

Modell	Goggomobil T 600 (Prototyp)
Bauzeit	Debüt: Sept. 1957
Karosserie	Lim., 2 Sitze
Motor	luft-/gebläsegek. Zweizyl.-Viertakt
Bohrung/Hub/Hubr.	72/72 mm/586 cm^3
Leistung	25 DIN-PS
Max. Drehmoment	4,0 mkp bei 2900 U/min
Kraftübertragung	vollsynchr. Viergang-Getr.
Fahrwerk	selbsttrag. Stahlblechkar., vo. Trapez-Dreieck-Längs- u. Querl., hi. Pendelachse, vo. u. hi. hydr. Teleskopstoßd., Gummihohlf.
Bremsen	hydr. Vierrad-Trommelbr.
Lenkung	Zahnstangenl.
L x B x H	3430 x 1470 x 1380 mm
Radstand	2000 mm
Spurweite v/h	1150/1150 mm
Leer- / zuläss. Ges.-Gewicht	550/- kg
Verbrauch	6,0 l/100 km
Höchstgeschwind.	110 km/h
Preis	–
Produktionszahlen	1 Stück

Goggomobil T 600/ Glas Isar T 600

Als das »Große Goggomobil« als T 600 in Serie ging, hatte sich unterm Blech vieles geändert. Der Frontmotor-Wagen hatte nun Hinterradantrieb, allerdings ohne Änderung des Frontantrieb-Getriebes, deshalb stand das Schaltschema Kopf. Der Kühlergrill war weniger auffallend als beim Prototyp. Ab August 1958 gab es auch den T 700. Die verbesserte Variante ab August 1960 trug aufgesetzte Rückleuchten, breite Chromleisten, chromeingefasste Fenster, vergrößertes Rückfenster, sowie doppelte Stoßstangen. Doch die Kunden schätzten den Glas T 600 nicht mehr. Als BMW die Firma Glas übernahm, wurden die T-Modelle als Erste vom Programm gestrichen.

Modell	Goggomobil/Glas Isar T 600
Bauzeit	August 1958–Juli 1960
Karosserie	Lim., 4 Sitze
Motor	luft-/gebläsegek. Zweizyl.-Viertakt
Bohrung/Hub/Hubr.	72/72 mm/584 cm^3
Leistung	20 DIN-PS bei 5000 U/min
Max. Drehmoment	3,7 mkp bei 3500 U/min
Kraftübertragung	vollsynchr. Viergang-Getr.
Fahrwerk	selbsttrag. Ganzstahlkar., vo. Längs- u. Querl., Schraubenf., hi. Starrachse, vo. u. hi. hydr. Teleskopstoßd.
Bremsen	hydr. Vierrad-Trommelbr.
Lenkung	Schneckenrollenl.
L x B x H	3430 x 1470 x 1380 mm
Radstand	2000 mm
Spurweite v/h	1200/1170 mm
Leer- / zuläss. Ges.-Gewicht	650/1000 kg
Verbrauch	5,4 l/100 km
Höchstgeschwind.	98 km/h
Preis	4.330 DM
Produktionszahlen	16.394 Stück

Goggomobil/ Glas Isar T 700

Der T 700 unterschied sich äußerlich nicht vom T 600. Lediglich an der hinteren Stirnwand stand das »700« in Schreibschrift anstelle des »600«. Ab September 1959 wurde es umbenannt in Glas Isar T 700. Die Qualitätsverbesserungen (z. B. Leistungssteigerungen beim Motor) beeindruckten die Kunden allerdings nicht mehr, denn aufgrund vieler Fertigungsmängel kam das Auto bald in Verruf und verkaufte sich daher nur schleppend. Der Trend ging ohnehin zum Mittelklassewagen.

Modell	Goggomobil/Glas Isar T 700
Bauzeit	Aug. 1960–Aug. 1965
Karosserie	Lim., 4 Sitze
Motor	luft-/gebläsegek. Zweizyl.-Viertakt
Bohrung/Hub/Hubr.	78/72 mm/688 cm^3
Leistung	30 DIN-PS bei 4900 U/min
Max. Drehmoment	5,0 mkp bei 3500 U/min
Kraftübertragung	vollsynchr. Viergang-Getr.
Fahrwerk	selbsttrag. Stahlblechkar., vo. Längs- u. Querl., Schraubenf., hi. Starrachse, vo. u. hi. hydr. Teleskopstoßd.
Bremsen	hydr. Vierrad-Trommelbr.
Lenkung	Schneckenrollenl.
L x B x H	3455 x 1470 x 1380 mm
Radstand	2000 mm
Spurweite v/h	1200/110 mm
Leer- / zuläss. Ges.-Gewicht	650/1000 kg
Verbrauch	5,5 l/100 km
Höchstgeschwind.	110 km/h
Preis	ab 4.630 DM
Produktionszahlen	ca. 31.460 Stück

Goggomobil/Glas Isar T 600

Gnom

Das Berliner Ingenieurbüro Gick baute eigentlich Bohrmaschinen. Weil der Inhaber Gick aber so autobesessen war, entstand nebenher ein kleines Dreirad, von dem man hoffte, dass es soviel Kundeninteresse wecke, dass ein Serienbau möglich sei. Auf der ersten Berliner Automobil-Ausstellung hatte Gick auch einen Ausstellungsstand, auf dem der Gnom gezeigt wurde. Ein gewisses Interesse an dem Dreirad war vorhanden, doch es reichte nicht zum Serienbau. Auch die Hoffnung, einen Lizenznehmer zu finden, erfüllte sich nicht. So blieb es bei Einzelstücken. Es entstand unter anderem ein vierrädriges Coupé, das aber viel zu schwer geriet.

Modell	Gnom
Bauzeit	Debüt: 27. Mai 1950
Karosserie	Roadster, 2 Sitze
Motor	luftgek. Einzyl.-Zweitakt
Bohrung/Hub/Hubr.	52/58 mm, 123 cm^3
Leistung	5,5 DIN-PS bei 5000 U/min
Max. Drehmoment	1,2 mkp bei 4500 U/min
Kraftübertragung	Dreigang-Getriebe
Fahrwerk	Zentralrohrrahmen m. Stahlblechkar. verschw., vo. Vorderradgabel m. Schraubenf., hi. Starrachse m. Schraubenf.
Bremsen	mech. Trommelbr. (auf Hinterräder)
Lenkung	indir. Motorradl.
L x B x H	2200 x 1000 x 1000 mm
Radstand	1200 mm
Spurweite v/h	–/900 mm
Leer- / zuläss. Ges.-Gewicht	300/400 kg
Verbrauch	2,5 l/100 km
Höchstgeschwind.	60 (45) km/h
Preis	1.490 DM
Produktionszahlen	3 Stück

Gutbrod Superior

Modell	Gutbrod Superior
Bauzeit	Aug. 1950–April 1954
Karosserie	Cab./Lim., 2 Sitze
Motor	wassergek. Zweizyl.-Zweitakt
Bohrung/Hub/Hubr.	71/75 mm/593,50 cm³
Leistung	20 DIN-PS bei 3350 U/min
Max. Drehmoment	4,3 mkp bei 3250 U/min
Kraftübertragung	Dreigang-Getr. (Hurth)
Fahrwerk	Zentralrohrrahmen, vo. Dreieck-Querl. ob., hi. Eingelenk-Pendelachse, vo. u. hi. Schraubenf., hydr. Teleskopstoßd.
Bremsen	hydr. Vierrad-Trommelbr.
Lenkung	Zahnstangenl.
L x B x H	3560 x 1490 x 1365 mm
Radstand	2000 mm
Spurweite v/h	1130/1160 mm
Leer- / zuläss. Ges.-Gewicht	690/920 kg
Verbrauch	5,8 l/100 km
Höchstgeschwind.	100 km/h
Preis	ab 3.990 DM
Produktionszahlen	ca. 3000 Stück

Wilhelm Gutbrod war Inhaber einer kleinen Fabrik im schwäbischen Plochingen. Schon in den 20er Jahren baute er Standard-Motorräder. Ab 1936 entstanden hier auch Klein-Lieferwagen. Sohn Walter baute nach 1945 das demontierte Werk wieder auf und holte sich den Konstrukteur Dr. Hans Scherenberg und sein Team. Sie entwickelten um den vorhandenen 600-cm³-Zweizylinder-Zweitakt-Motor herum ein Frontantriebs-Coupé mit Rolldach, den »Superior«. Der Wasserkühler lag schon hinter dem Motor, der Tank vor der Hinterachse. Die Karosserie lieferte das Karosseriewerk Weinsberg.

Im September 1952 erschien der Superior mit vielen sinnvollen Detailverbesserungen. Die Türen waren schon vorn angeschlagen und öffneten sich nach hinten. Türgriffe wurden nach Art des Volkswagen gestaltet. Die Zahnstangenlenkung erhielt einen Lenkungsdämpfer. Der pontonförmige Superior litt allerdings darunter, dass er im Preis auf dem Niveau des Volkswagens lag. Und dies hemmte den Verkaufserfolg.

Gutbrod Superior 700/E

Vom Superior gab es bald eine stärker motorisierte Variante. Der Motor wurde von 593 auf 663 cm^3 vergrößert, wodurch der Motor 26 PS leistete. Der Tank wurde von 28 auf 40 Liter vergrößert. Das Reserverad im Kofferraum war nun durch eine Klappe von außen zugänglich. Der Tankverschluss verschwand unter einer Klappe.

Am 16. April 1951 erschien der 700 E, der erste in Serie gebaute Automobil-Motor mit Benzineinspritzung der Welt. Dr. Hans Scherenberg übernahm das System der Gemischaufbereitung vom Flugzeugbau. Dieses System arbeitete exakter als ein Vergaser, machte den Motor leistungsfähiger und sparsamer. Gleichzeitig führte Gutbrod mit dem »E« die Frischöl-Schmierung mit separatem Öltank ein. Bisher musste beim Zweitakt-Motor Benzin und Öl in bestimmten Verhältnis vorgemischt und dann in den Tank gefüllt werden. Benzin und Öl holte sich der Einspritzmotor nun aus den Tanks und mischte es automatisch.

Modell	Gutbrod Superior 700
Bauzeit	Sept. 1952–April 1954
Karosserie	Cabr./Lim., 2 Sitze
Motor	wassergek. Zweizyl.-Zweitakt
Bohrung/Hub/Hubr.	75/75 mm/663 cm^3
Leistung	26 DIN-PS bei 4300 U/min
Max. Drehmoment	4,7 mkp bei 2700 U/min
Kraftübertragung	synchr. Dreigang-Getr.
Fahrwerk	Zentralrohrrahmen, vo. Dreieck-Querl., hi. Eingelenk-Pendelachse, vo. u. hi. Schraubenf. u. hydr. Teleskopstoßd.
Bremsen	hydr. Vierrad-Trommelbr.
Lenkung	Zahnstangenl.
L x B x H	3560 x 1430 x 1365 mm
Radstand	2000 mm
Spurweite v/h	1130/1160 mm
Leer- / zuläss. Ges.-Gewicht	740/950 kg
Verbrauch	6,3 l/100 km
Höchstgeschwind.	110 km/h
Preis	5275 DM
Produktionszahlen	ca. 2000 Stück

Gutbrod Superior 700

Gutbrod Superior Roadster

Da man gerne einen Sportwagen im Programm gehabt hätte, baute die Karosseriefirma Wendler in Reutlingen einen pontonförmigen runden Sport-Zweisitzer mit Aluminium-Karosserie. Dennoch wog der Sport-Roadster 50 kg mehr als das Coupé. Und deshalb entstand auch nur ein einziges Exemplar.

Modell	Gutbrod Superior Roadster
Bauzeit	Debüt: März 1950
Karosserie	Cabrio, 2 Sitze
Motor	wassergek. Zweizyl.-Zweitakt
Bohrung/Hub/Hubr.	71/75 mm/593,50 cm^3
Leistung	20 DIN-PS bei 3350 U/min
Max. Drehmoment	4,3 mkp bei 3250 U/min
Kraftübertragung	Dreigang-Getr. (Hurth)
Fahrwerk	Zentralrohr-Rahmen, vo. Dreieck-Querl. oben, Querl. unten, hi. Eingelenk-Pendelachse, vo. u. hi. Schraubenf., hydr. Teleskopstoßd.
Bremsen	hydr. Vierrad-Trommelbr.
Lenkung	Zahnstangenl.
L x B x H	3680 x 1430 x 1370 mm
Radstand	2000 mm
Spurweite v/h	1130/1150 mm
Leer- / zuläss. Ges.-Gewicht	780/930 kg
Verbrauch	5,8 l/100 km
Höchstgeschwind.	100 km/h
Preis	geplant: 5.900 DM
Produktionszahlen	1 Stück

Gutbrod Superior Sport

1951 zeigte Wendler eine neue Variante eines Sport-Roadsters, diesmal mit geschwungenen Kotflügeln nach Art von Sportwagen der 30er Jahre und Türen ohne Türgriffe.
Der gefällige Sportwagen mit der abgerundeten Front war trotz Aluminium mit 780 kg wieder schwerer als das Serien-Coupé. Deshalb blieb es bei 10 Exemplaren.

Modell	Gutbrod Superior Sport
Bauzeit	April 1951–Herbst 1952
Karosserie	Roadster, 2 Sitze
Motor	wassergek. Zweizyl.-Zweitakt
Bohrung/Hub/Hubr.	75/75 mm/663 cm^3
Leistung	30 DIN-PS bei 4300 U/min
Max. Drehmoment	4,9 mkp bei 3500 U/min
Kraftübertragung	synchr. Dreigang-Getr.
Fahrwerk	Zentralrohrrahmen m. Aluminium-Kar. verschr., vo. Dreieck-Querl., hi. Eingelenk-Pendelachse, vo. u. hi. Schraubenf. u. hydr. Teleskopstoßd.
Bremsen	–
Lenkung	–
L x B x H	3600 x 1430 x 1280 mm
Radstand	2000 mm
Spurweite v/h	1130/1160 mm
Leer- / zuläss. Ges.-Gewicht	780/1000 kg
Verbrauch	4,8 l/100 km
Höchstgeschwind.	120 km/h
Preis	7800 DM
Produktionszahlen	ca. 10 Stück

Hanomag Partner

Die Hannoversche Maschinenbau Aktiengesellschaft, kurz Hanomag, war 1835 gegründet worden und hatte Lokomotiven gebaut, später Automobile. 1923 erzielte sie mit dem Bau ihres Kleinwagens Hanomag Kommissbrot einen großen Verkaufserfolg. In den 30er Jahren war Hanomag der Pionier im Bau von Pkw-Diesel-Motoren. Im April 1950 versuchte man an seine Pkw-Tradition wieder anzuknüpfen und konstruierte einen dreisitzigen Kleinwagen mit Frontmotor und Frontantrieb. Nach Rezepten der Auto Union entstand ein Dreizylinder-Zweitakt-Motor mit 700 cm³ und 28 PS. Der Wagen besaß schon ein vollsynchronisiertes Dreigang-Getriebe. Die Karosserie stammte von Karmann. Doch der Dreisitzer mit dem um 10 cm zurückversetzten mittleren Sitz kam bei der Premiere weder beim Publikum noch bei den Händlern an. So beschränkte sich Hanomag auf den Lkw-Bau.

Modell	Hanomag Partner
Bauzeit	Debüt: 17. April 1951
Karosserie	Coupé, 3+2 Sitze
Motor	wassergek. Dreizyl.-Zweitakt
Bohrung/Hub/Hubr.	65/70 mm/697 cm³
Leistung	28 DIN-PS bei 4000 U/min
Max. Drehmoment	6,3 mkp bei 2800 U/min
Kraftübertragung	vollsynchr. Dreigang-Getr.
Fahrwerk	selbsttrag. Stahlblechkar., vo. dopp. Dreieckquerl., hi. Längsl. vo. u. hi. hydr. Teleskopstoßd.
Bremsen	hydr. Vierrad-Trommelbr.
Lenkung	Zahnstangenl.
L x B x H	4000 x 1700 x 1480 mm
Radstand	2165 mm
Spurweite v/h	1350/1300 mm
Leer- / zuläss. Ges.-Gewicht	730/1060 kg
Verbrauch	7,0 l/100 km
Höchstgeschwind.	100 km/h
Preis	geplant: 5.860 DM
Produktionszahlen	11 Stück

Heinkel Kabine 150

Modell	Heinkel Kabine 150
Bauzeit	März 1956–Febr. 1959
Karosserie	Moto-Coupé, 2 Sitze
Motor	luft-/gebläsegek. Einzyl.-Viertakt
Bohrung/Hub/Hubr.	60/61.5 mm/174 cm^3
Leistung	9,3 DIN-PS bei 5500 U/min
Max. Drehmoment	1,32 mkp bei 4450 U/mm
Kraftübertragung	Viergang-Klauengetr.
Fahrwerk	selbsttrag. Stahlblechkar., vo. Schwingarme, Schraubenf., hi. Hinterradschwinge, vo. u. hi. hydr. Teleskopstoßd.
Bremsen	hydr. Trommelbr. (auf Vorderräder)
Lenkung	Zahnstangenl.
L x B x H	2552 x 1370 x 1320 mm
Radstand	1760 mm
Spurweite v/h	1225/- mm
Leer- / zuläss. Ges.-Gewicht	243/475 kg
Verbrauch	3,5 l/100 km
Höchstgeschwind.	86 km/h
Preis	2.750 DM
Produktionszahlen	6.436 Stück

Flugzeug-Professor Ernst Heinkel durfte nach 1945 keine Flugzeuge mehr bauen. So stieg er in den Fahrzeugbau. Zuerst lieferte er Motoren für Veritas, Maico und Saab, dann baute er einen eignen Motorroller »Tourist«. Im Mai 1956 brachte Heinkel die »Kabine 150« auf den Markt. In der Grundkonstruktion entsprach sie der Iso/BMW Isetta, war jedoch in allen Details zierlicher, leichter und besaß hinten nur ein Einzelrad. Heinkel verwendete an seiner Kabine auch nicht das Iso-Patent der wegklappbaren Lenksäule.

Die Karosserie war aus Stahl und besaß ein Stoffrolldach. Im Gegensatz zur Isetta war hinten Platz für einen Passagier oder Gepäck. Weil der Markt es verlangte, lieferte Heinkel seine Kabine später auch mit hinterem Doppelrad.

Heinkel Kabine 153

Die Kabine 153 unterschied sich vom Modell 150 nur durch eine andere Motorisierung. Die Karosserie blieb gleich, ebenso die Innenausstattung. Die Kabine besaß vorn und hinten Stoßstangen und ein Seitenblinklicht.
Im Herbst 1958 verkaufte Heinkel die Produktionsanlagen nach Irland, weil er selbst wieder Flugzeuge bauen durfte.

Modell	Heinkel Kabine 153
Bauzeit	Okt. 1956–Juni 1958
Karosserie	Moto-Coupé, 2 Sitze
Motor	luft-/gebläsegek. Einzyl.-Viertakt
Bohrung/Hub/Hubr.	65/61,5 mm/204 cm^3
Leistung	10 DIN-PS bei 5500 U/mm
Max. Drehmoment	3,5 mkp bei 4700 U/min
Kraftübertragung	Viergang-Klauengetr.
Fahrwerk	selbsttrag. Stahlblechkar., vo. Schwingarme, Schraubenf., hi. Hinterradschwinge, vo. u. hi. hydr. Teleskopstoßd.
Bremsen	hydr. Trommelbr. (auf Vorderräder)
Lenkung	Zahnstangenl.
L x B x H	2551 x 1370 x 1320 mm
Radstand	1760 mm
Spurweite v/h	1225/- mm
Leer- / zuläss. Ges.-Gewicht	245/475 kg
Verbrauch	3,5 l/100 km
Höchstgeschwind.	86 km/h
Preis	2.750 DM
Produktionszahlen	5.537 Stück (inkl. 154)

Heinkel Kabine 154

Modell	Heinkel Kabine 154
Bauzeit	1957–1960
Karosserie	Moto-Coupé, 2 Sitze
Motor	luft-/gebläsegek. Einzyl.-Viertakt
Bohrung/Hub/Hubr.	65/61,5 mm/204 cm^3
Leistung	10 DIN-PS bei 5500 U/mm
Max. Drehmoment	3,5 mkp bei 4700 U/min
Kraftübertragung	Viergang-Klauengetr.
Fahrwerk	selbsttrag. Stahlblechkar., vo. Schwingarme, Schraubenf., hi. Hinterradschwinge, vo. u. hi. hydr. Teleskopstoßd.
Bremsen	hydr. Trommelbr. (auf Vorderräder)
Lenkung	Zahnstangenl.
L x B x H	2551 x 1370 x 1320 mm
Radstand	1760 mm
Spurweite v/h	1225/– mm
Leer- / zuläss. Ges.-Gewicht	245/475 kg
Verbrauch	3,5 l/100 km
Höchstgeschwind.	86 km/h
Preis	2.750 DM
Produktionszahlen	5.537 Stück. (inkl. 153)

Die Kabine 154 wurde mit 200-cm^3-Motor geliefert und trug hinten ein Doppelrad, sonst unterschied sie sich nicht vom Modell 150 und 153. Im Jahr 1960 endete die Produktion in Irland, die Kabine wurde nach England verkauft, wo sie als »Trojan« noch Jahre weiterlebte.

Hoffmann Kabine 250

Modell	Hoffmann Kabine 250
Bauzeit	Sept. 1954–Febr. 1955
Karosserie	Moto-Coupé, 2 Sitze
Motor	luft-/gebläsegek. Zweizyl.-Viertakt
Bohrung/Hub/Hubr.	58/50 mm/298 cm^3
Leistung	18,5 DIN-PS bei 5400 U/mm
Max. Drehmoment	1,59 mkp bei 4400 U/min
Kraftübertragung	Viergang-Getr. (Hermes)
Fahrwerk	Rohrrahmen m. Stahlblechkar., vo. geschob. Längsschwingarme, hi. Starrachse, mech. Teleskopstoßd.
Bremsen	hydr. Vierrad-Trommelbr.
Lenkung	Spindell.
L x B x H	2280 x 1390 x 1350 mm
Radstand	1650 mm
Spurweite v/h	1220/520 mm
Leer- / zuläss. Ges.-Gewicht	350/600 kg
Verbrauch	3,8 l/100 km
Höchstgeschwind.	85 km/h
Preis	2.900 DM
Produktionszahlen	113 Stück

Der Lintorfer Fahrradfabrikant Jakob Oswald Hoffmann war reich und bekannt geworden durch den Lizenzbau des italienischen Motorrollers Vespa für Deutschland. Er entwickelte im Frühjahr 1954 ein Iso-Isetta-ähnliches Mobil mit Namen »Kabine«. Im Gegensatz zum Original besaß die Kabine in der Standardversion eine rechte, in der Luxusversion zwei Seitentüren sowie Kindersitze im Heck. Möglich machte dies ein – gegenüber der Iso Isetta – längerer Radstand, sowie eine längere, gestrecktere hintere Motorhaube. Bereits am 2. Juni 1954 zeigte Hoffmann einen Prototyp der Öffentlichkeit – und kam damit dem offiziellen Lizenznehmer BMW zuvor. ISO und BMW reichten Klage gegen Hoffmann wegen Plagiat ein, dennoch begann im September 1954 der Bau der Kabine mit 250-cm^3-Motor. Bis Februar entstanden 113 Exemplare, dann rutschten die Hoffmann-Werke in Konkurs.

Hurst 100

Der frühere Versuchsleiter von Daimler-Benz, Arthur Hurst, machte sich nach Kriegsende mit dem Bau eines vierrädrigen Invalidenfahrzeugs selbstständig. Bereits am 3. Juli 1946 meldete er Gebrauchsmusterschutz für ein Invalidenfahrzeug an. Der Hurst 100 war im Grunde nichts anderes als ein Rohrrahmen mit Holzboden und einem Sitz. Der 97-cm³-Heckmotor von NSU trieb über eine Kette das linke Hinterrad an.

Angelassen wurde der Hurst 100, dessen Konstruktionszeichnungen mangels Papier auf der weißen Wand in der Garage von Arthur Hurst entstanden, mit einem außenliegenden Kickstarter.

Modell	Hurst 100
Bauzeit	Dez. 1946
Karosserie	Fahrwerk o. Verkl., 1 Sitz
Motor	luftgekühlter Einzylinder-Zweitakt
Bohrung/Hub/Hubr.	48/54 mm/97 cm^3
Leistung	2 DIN-PS bei 3600 U/min
Max. Drehmoment	0,4 mkp bei 2500 U/min
Kraftübertragung	Dreigang-Klauengetr.
Fahrwerk	Rohrrahmen m. Holzbodenplatte, Radaufhäng. vo. u. hi. m. Torsionsfederstäben
Bremsen	mech. Nabenbremsen
Lenkung	Achsschenkell.
L x B x H	2500 x 900 x 750 mm
Radstand	1700 mm
Spurweite v/h	780/780 mm
Leer- / zuläss. Ges.-Gewicht	75/225 kg
Verbrauch	3,5 l/100 km
Höchstgeschwind.	40 km/h
Preis	–
Produktionszahlen	1 Stück

Hurst 250

Im März 1948 hatte Hurst ein neues Exemplar seines Invalidenautos fertig. Wiederum ein vierrädriger Roadster mit selbsttragender Stahlblechkarosserie. Dabei zog sich ein dickes, tragendes Rohr mitten durch den Innenraum und teilte den Fahrer- vom Beifahrersitz. Der Schalthebel saß am Motorradlenker. Das Reserverad lag auf dem Bug. Im Heck steckte nun ein 248-cm^3-Motor. Weil nach der Währungsreform die Materialien besser wurden, baute Hurst ein neues Modell, nun mit Seitentüren, mit zwei Scheinwerfern, mit an die Karosserie angebauten Kotflügeln, aber weiterhin mit Motorradlenker und ohne Pedale. Wiederum wurde nur das linke Hinterrad angetrieben. Hurst versuchte für sein Invalidenfahrzeug eine Produktionsstätte zu finden. Er fand sie in einem Betrieb in Mannheim, der zeitweise parallel zu Stuttgart den Hurst 250 herstellte. Doch die Nachfrage blieb gering und versiegte bald ganz.

Modell	Hurst 250
Bauzeit	1949
Karosserie	Roadster, 2 Sitze
Motor	luft-/gebläsegek. Einzyl.-Zweitakt
Bohrung/Hub/Hubr.	66/70 mm/-
Leistung	6 DIN-PS bei 3800 U/min
Max. Drehmoment	1,0 mkp bei 3200 U/min
Kraftübertragung	Dreigang-Klauengetr.
Fahrwerk	selbsttrag. Stahlblechkar. m. Stoffverdeck, Radaufhäng. an Torsionsfederstäben vo. u. hi., keine Pedale
Bremsen	mech. Trommelbr.
Lenkung	Achsschenkell.
L x B x H	3000x 1300 x 1250 mm
Radstand	–
Spurweite v/h	–
Leer- / zuläss. Ges.-Gewicht	300/500 kg
Verbrauch	4,5 l/100 km
Höchstgeschwind.	55 km/h
Preis	2.800 DM
Produktionszahlen	3 Stück

HWS-1

Ein Technischer Zeichner und Graphiker aus Bad Homburg konstruierte diesen türlosen Zweisitzer mit Horrex-Motor. Der HWS sollte ein besonders sportives Auto für den kleinen Geldbeutel werden. Der Wagen trug vorn eine große Lufthutze und hinten eine einzelne Heckflosse sowie ein Bremslicht. In der Weiterentwicklung erhielt der HWS eine große gewölbte Windschutzscheibe.

Nach ausführlichen Testfahrten hoffte der Erbauer des Sportwägelchens bei der österreichischen Motorradfirma KTM in Serie gehen zu können. Doch diese winkte ab.

Modell	HWS-1
Bauzeit	Juli 1956
Karosserie	Roadster, 2 Sitze
Motor	luft-/gebläsegek. Einzyl.-Zweitakt
Bohrung/Hub/Hubr.	-/- mm, 398 cm^3
Leistung	18 DIN-PS bei 4000 U/min
Max. Drehmoment	1,0 mkp bei 2900 U/min
Kraftübertragung	synchr. Viergang-Getr.
Fahrwerk	Stahlrohrrahmen m. aufges. Holzrahmen u. Aluminiumkar., vo. Einzelradaufhäng., hi. Starrachse, vo. u. hi. hydr. Kolbenstoßd.
Bremsen	hydr. Vierrad-Trommelbr.
Lenkung	Zahnstangenl.
L x B x H	3300 x 1500 x 1100 mm
Radstand	1800 mm
Spurweite v/h	–/–
Leer- / zuläss. Ges.-Gewicht	550/800 kg
Verbrauch	3,5 l/100 km
Höchstgeschwind.	130 km/h
Preis	–
Produktionszahlen	1 Stück

HWS-2

Roadster ohne Türen und Frontscheibe, nun mit Kunststoff-Karosserie. Armaturenbrett nach Bugatti-Art mit geschabten Aluminiumblech, im ganzen vorklappbare Motorhaube, offen liegender Auspuff, schalenförmige Einzelsitze. Bis 1959 zogen sich die Bemühungen um eine Serienfertigung hin, dann gab der Konstrukteur das Projekt auf.
Nach der KTM-Absage hoffte der Erbauer, dass er selbst eine kleine Produktion mit Hilfe von Aufbau-Krediten hochziehen könnte. Doch auch das misslang.

Modell	HWS-2
Bauzeit	Herbst 1957
Karosserie	Roadster, 2 Sitze
Motor	luft-/gebläsegek. Einzyl.-Zweitakt
Bohrung/Hub/Hubr.	-/- mm, 398 cm^3
Leistung	18 DIN-PS bei 4000 U/min
Max. Drehmoment	1,0 mkp bei 2900 U/min
Kraftübertragung	Synchr. Viergang-Getr.
Fahrwerk	Stahlrohrrahmen m. aufges. Holzrahmen u. Kunststoffkar., vo. Einzelradaufhäng., hi. Starrachse, vo. u. hi. hydr. Teleskopstoßd.
Bremsen	hydr. Vierrad-Trommelbr.
Lenkung	Zahnstangenl.
L x B x H	3300 x 1500 x 1000 mm
Radstand	1800 mm
Spurweite v/h	–/–
Leer- / zuläss. Ges.-Gewicht	330/550 kg
Verbrauch	5,0 l/100 km
Höchstgeschwind.	145 km/h
Preis	–
Produktionszahlen	1 Stück

Kersting

Walter M. Kersting, Professor für Design, hatte nach dem Krieg die »Kersting-Modellwerkstätten« in Waging/Oberbayern gegründet. Dort stellte er Spielzeug aus Holz her. Bald entdeckten Kersting und seine Söhne die Nachfrage nach einem fahrbaren Dach überm Kopf. Im Juni 1949 begannen die Arbeiten an einem kleinen Zweisitzer, der eine Kunststoffkarosserie haben sollte. Doch der erste Wagen entstand aus Sperrholz. Sein Boden bestand aus zwei Platten mit dazwischengeleimten Längsholmen. Durch den Hohlraum ließen sich Steuergestänge und -züge zum Heckmotor führen.
Im August 1950 kam der DKW-Motor ins Heck. Er war so konstruiert, dass er in einem Stahlrahmen hing und nach Lösen von 4 Flügelmuttern herausgenommen werden konnte. Am 6. September 1950 startete der namenlose Wagen zur Jungfernfahrt.
Die Landmaschinenfabrik Glas interessierte sich für das Auto ebenso wie der Segelflugzeug-Hersteller Wolf Hirth in Kirchheim, doch handelseinig wurde man sich nicht. Als Modell entstand ein Typ II, wieder ohne Türen in Holzbauweise, nun sogar ohne Radausschnitte. Bis 1953 suchte man noch nach Finanziers, dann gab Kersting das Projekt auf.

Modell	Kersting
Bauzeit	Debüt: Dez. 1950
Karosserie	Roadster, 2 Sitze
Motor	luft-/gebläsegek. Einzyl.-Zweitakt
Bohrung/Hub/Hubr.	-/- mm, 123 cm^3
Leistung	5 DIN-PS bei 5000 U/min
Max. Drehmoment	1,2 mkp bei 4700 U/min
Kraftübertragung	Dreigang-Klauengetr.
Fahrwerk	selbsttrag. Sperrholz-Kar. m. Kunstleder überzog., vo. Stahlrohr-Fahrschemel, Längsschwingarmen, hi. Fahrschemel m. Diagonalschwingarmen, vo. u. hi. Gummibandf.
Bremsen	mech. Trommelbr. (auf Hinterräder).
Lenkung	Zahnstangenl.
L x B x H	2500 x 1060 x 1170 mm
Radstand	1850 mm
Spurweite v/h	1000/1000 mm
Leer- / zuläss. Ges.-Gewicht	140/350 kg
Verbrauch	2,5 l/100 km
Höchstgeschwind.	65 km/h
Preis	geplant: 2.500 DM
Produktionszahlen	–

Kleinschnittger 98

Paul Kleinschnittger, Ingenieur aus dem holsteinischen Ladelund, schwebte schon seit 1939 vor, ein kleines Auto zu bauen. Nach dem Krieg sammelte er Teile aus Flugzeugwracks und bastelte daraus einen türlosen Roadster mit Räder vom Kastenfahrrad. Es hatte zwei Tanks, einen für Benzin und einen für Petroleum. Der kleine Heckmotor benötigte nämlich nur für den Kaltstart kostbares Benzin, im warmen Zustand nahm er auch mit Petroleum vorlieb. Wegen des Einzelscheinwerfers benötigte Kleinschnittger eine Ausnahmegenehmigung vom TÜV. Durch Zeitungsveröffentlichungen wurde der Kleinschnittger 98 schnell populär. Es meldete sich ein Finanzier, der in den Serienbau dieses Wagens investieren wollte. Bald gründete man in Arnsberg eine Automobil GmbH mit 20.000 DM Stammkapital und im August 1949 stand in der Zeitung zu lesen, dass in wenigen Wochen der Kleinschnittger in Serie gehen werde.

Modell	Kleinschnittger 98
Bauzeit	Debüt: Juni 1949
Karosserie	Roadster, 2 Sitze
Motor	luftgekühlter Einzylinder-Zweitakt
Bohrung/Hub/Hubr.	-/-/97 cm^3
Leistung	3 DIN-PS bei 3800 U/min
Max. Drehmoment	0,9 mkp bei 3500 U/min
Kraftübertragung	Dreigang-Getriebe
Fahrwerk	Rohrrahmen-Chassis m. Stahlblech-Kar. verschr., vo. Längsschwingarme, Querl., hi. Längsschwingarme, vo. u. hi. Gummibandf.
Bremsen	mech. Trommelbr. (auf Hinterräder)
Lenkung	Zahnstangenl.
L x B x H	2200 x 1080 x 1120 mm
Radstand	1700 mm
Spurweite v/h	870/870 mm
Leer- / zuläss. Ges.-Gewicht	110/300 kg
Verbrauch	1,7 l/100 km
Höchstgeschwind.	60 km/h
Preis	geplant: 1.800 DM
Produktionszahlen	1 Stück

Kleinschnittger F 125

Modell	Kleinschnittger F 125
Bauzeit	April 1950–August 1957
Karosserie	Roadster, 2 Sitze
Motor	luftgek. Einzyl.-Zweitakt
Bohrung/Hub/Hubr.	52/58 mm/123 cm^3
Leistung	4,5 DIN-PS bei 5000 U/min
Max. Drehmoment	1,2 mkp bei 4500 U/min
Kraftübertragung	Dreigang-Getriebe
Fahrwerk	Zentralrohrrahmen m. Aluminium-Kar. verschr., vo. Längsschwingarme, Querl., hi. Längsschwingarme, vo. u. hi. Gummibandf.
Bremsen	mech. Vierrad-Trommelbr.
Lenkung	Zahnstangenl.
L x B x H	2895 x 1185 x 1220 mm
Radstand	1700 mm
Spurweite v/h	1070/1070 mm
Leer- / zuläss. Ges.-Gewicht	150/330 kg
Verbrauch	2,5 l/100 km
Höchstgeschwind.	70 km/h
Preis	ab 1995 DM
Produktionszahlen	2.980 Stück

Doch es sollte sich noch hinziehen. Die Fahreigenschaften des Kleinschnittger 98 genügten nun den Anforderungen nicht mehr. Zum Jahresende 1949 entstand ein neues Auto; wieder ein Roadster ohne Verdeck, nun mit Pontonform, weißem Lenkrad und Lenkradschaltung. Die Scheinwerfer waren in den Kühlergrill einbezogen, die Karosserie wurde aus Aluminiumblech geformt. Der 125-cm^3-Motor, der nun vorn saß und die Vorderräder trieb, trug kein Gebläse, sondern wurde nur vom Fahrtwind gekühlt.

Kleinschnittger F 250

Um der Kundschaft auch ein viersitziges Modell zu bieten, entstand 1954 als Prototyp der F 250. Die nur 3,05 m Limousine mit Rolldach besaß keine Türgriffe, extrem hohe Türschweller und die bewährten Kleinschnittger-Merkmale, keinen Motorventilator, keine Teleskopstoßdämpfung, nur Gummibandfederung, feststehende Seitenfenster. Im September 1955 wurde der F 250 zum F 250 C, nun mit selbsttragender Stahlblechkarosserie, mit Öldruckbremsen. Im Spätherbst entwickelte Kleinschnittger den F 250 C zum F 250 S, nun mit Karosserie in Schalenbauweise, mit Mittellenkung und Sitzbank. Auch der F 250 S ging nicht in Serie.

Modell	Kleinschnittger F 250
Bauzeit	Debüt: Dez. 1954
Karosserie	Coupé, 2+2 Sitze
Motor	luftgek. Zweizyl.-Zweitakt
Bohrung/Hub/Hubr.	52/58 mm/246 cm^3
Leistung	15 DIN-PS bei 6000 U/min
Max. Drehmoment	1,8 mkp bei 4000 U/min
Kraftübertragung	Dreigang-Getriebe
Fahrwerk	Zentralrohrrahmen m. Stahlblech-Kar. verschr., vo. Längsschwingarme, Querl., hi. Längsschwingarme, vo. u. hi. Gummibandf.
Bremsen	mech. Vierrad-Trommelbr.
Lenkung	Zahnstangenl.
L x B x H	3050 x 1400 x 1200 mm
Radstand	1850 mm
Spurweite v/h	1080/1080 mm
Leer- / zuläss. Ges.-Gewicht	340/560 kg
Verbrauch	4 l/100 km
Höchstgeschwind.	100 km/h
Preis	geplant: 2.985 DM
Produktionszahlen	2 Stück

Kroboth-Allwetterroller

Gustav Kroboth setzte sich 1954 ans Zeichenbrett und konstruierte ein kleines Dreirad, das er »Allwetter-Roller« taufte. Aus Schweinfurth ließ er sich einen 175-cm³-Einzylinder-Zweitakt-Motor schicken. Im Mai 1954 starteten die ersten Versuchsfahrten mit dem nackten Chassis am nahegelegenen Kesselberg. Nun ließ Kroboth nach eigenen Entwürfen von einigen Firmen die Bleche für die erste Karosserie zurechthämmern. Das kleine Mobil erhielt eine gewölbte Frontscheibe, eine Lenkradschaltung am weißen Lenkrad und eine durchgehende Sitzbank – alles der Mode der Zeit entsprechend.
An die breite Öffentlichkeit trat Kroboth mit seinem Mobil im Juni 1954, als er damit an den Start der Lechtaler Berg- und Seenfahrt rollte.Und da er diese Wettfahrt sogar gewann, war ihm die Aufmerksamkeit sicher.
Im August 1954 lieferte er den ersten »Allwetterroller« aus. Gegenüber den Prototypen besaß der Allwetterroller nun zwei kleine Seitentüren, größere Luftschlitze an den Seiten und die ebene Frontscheibe des Volkswagens. Das kleine Dreirad wurde wahlweise mit dem 175-cm³-9-PS-Fichtel-&-Sachs-Motor oder dem 200-cm³-9,5-PS-Ilo-Triebwerks geliefert.

Modell	Kroboth-Allwetterroller
Bauzeit	Debüt: Juni 1954
Karosserie	Roadster, 2 Sitze
Motor	luft-/gebläsegek. Einzyl.-Zweitakt
Bohrung/Hub/Hubr.	62/66 mm/197 cm³
Leistung	9,5 DIN-PS bei 4000 U/min
Max. Drehmoment	1,4 mkp bei 3200 U/min
Kraftübertragung	Dreigang-Getriebe
Fahrwerk	Rohrrahmen-Chassis m. Stahlblechkar. verschr., vo. u. hi. Halbelliptik-Blattf.
Bremsen	mech. Trommelbr.
Lenkung	ZF-Schneckenrollenl.
L x B x H	280 x 1300 x 1200 mm
Radstand	1600 mm
Spurweite v/h	1150/- mm
Leer- / zuläss. Ges.-Gewicht	210/280 kg
Verbrauch	3,5 l/100 km
Höchstgeschwind.	70–80 km/h
Preis	geplant: 2.650 DM
Produktionszahlen	5 Stück

Im September 1954 versuchte Kroboth einen Fabrikanten zu finden, der den Allwetterroller in größerer Serie herstellte. Doch alle Gespräche verliefen im Sande, auch jenes mit dem Motorradfabrikaten Otto Maisch. Nun musste der kleine Betrieb den Vergleich anmelden. Etwa 50 Allwetter-Roller wurden gebaut, ehe sich Gustav Kroboth eine neue Existenz als Fahrlehrer aufbaute.

Lloyd LP 300

Der Wagen war ein Einfachst-Auto, aus der Materialnot geboren. Es besaß keine Stoßdämpfer und einen heulenden Zweitakt-Motor. Aber er bot vier Sitze, eine pontonförmige Karosserieform, einen kleinen von innen zugänglichen Kofferraum und sparsamen Verbrauch. Sein Vorteil: die Ersatzteile waren konkurrenzlos billig. Ein Austauschmotor kostete 98 Mark, der Ein- und Ausbau kostete 8,50 Mark. Ab Januar 1952 erschien eine verbesserte Version mit breiterer Motorhaube (Foto), mit Zierleiste und zwei Scheibenwischern. Neben der Innenausstattung wurden auch technische Details verbessert. Gegen Aufpreis von 70 Mark konnten nun Teleskopstoßdämpfer geordert werden.

Modell	Lloyd LP 300
Bauzeit	April 1950–Dez. 1951
Karosserie	Lim.: 4 Sitze
Motor	luft-/gebläsegek. Zweizyl.-Zweitakt
Bohrung/Hub/Hubr.	54/64 mm/293 cm^3
Leistung	10 DIN-PS bei 4000 U/min
Max. Drehmoment	2,0 mkp bei 2700 U/min
Kraftübertragung	Dreigang-Getriebe
Fahrwerk	Zentralrohrrahmen, Holzfachwerkgerippe-Kar., vo. Radaufhäng. an zwei Querblattf., hi. Pendelachse m. Halbelliptik-Längsf.
Bremsen	mech. Vierrad-Trommelbr.
Lenkung	Zahnstangenl.
L x B x H	3100 x 1345 x 1360 mm
Radstand	2000 mm
Spurweite v/h	1050/1050 mm
Leer- / zuläss. Ges.-Gewicht	480/800 kg
Verbrauch	4,2 l/100 km
Höchstgeschwind.	75 km/h
Preis	3.334 DM
Produktionszahlen	18.510 Stück

Lloyd LP 400

Modell	Lloyd LP 400
Bauzeit	Jan. 1953–Nov. 1957
Karosserie	Lim., 4 Sitze
Motor	luft-/gebläsegek. Zweizyl.-Zweitakt
Bohrung/Hub/Hubr.	62/64 mm/386 cm³
Leistung	13 DIN-PS bei 3750 U/min
Max. Drehmoment	2,9 mkp bei 2750 U/min
Kraftübertragung	unsynchr. Dreigang-Getr.
Fahrwerk	Zentralrohrrahmen (Hartholz-Fachwerkger.), ab März 1953 Stahlblech-Kotflügel, ab Jan. 1954 Motor- u. Heckhaube aus Stahlbl.
Bremsen	mech. Vierrad-Trommelbr.
Lenkung	Zahnstangenl.
L x B x H	3355 x 1410 x 1400 mm
Radstand	2000 mm
Spurweite v/h	1050/1050 mm
Leer- / zuläss. Ges.-Gewicht	500/820 kg
Verbrauch	6,0 l/100 km
Höchstgeschwind.	75 km/h
Preis	–
Produktionszahlen	106.110 Stück

Im Januar 1953 erschien der Lloyd LP 400 nun mit einer etwas größeren Karosserie, mit größeren Fensterflächen, jedoch kleinem Rückfenster. Schon im März 1953 kam ein neues Modell, das nun – in gleicher Form – Türen und Kotflügel aus Stahlblech besaß.
Ab Januar 1954 wurden auch Motor- und Heckhaube aus Stahl gefertigt, nur das Dach blieb weiterhin aus Sperrholz. Gleichzeitig erhielt der Wagen nun hydraulische Bremsen, ein neues Zweispeichen-Lenkrad, eine verbesserte Defrosteranlage und verstellbare Vordersitze. Die Scheibenwischer liefen jetzt parallel.
Im Oktober 1954 erfolgte der nächste Schritt: Das Dach wich einer Stahlblechkonstruktion. Mit der Typenbezeichnung LP 400 S war nun der Lloyd zu einem erwachsenen Auto geworden. Das Heckfenster war vergrößert und gewölbt, die Türscharniere lagen verdeckt. Lloyd war die einzige Automobilfabrik der Welt, die die Schalenbauweise in Großserie anwendete. Im Volksmund wurde der Lloyd aber immer noch wegen seiner Kunstlederverkleidung »Leukoplast-Bomber« genannt.

Lloyd LP 250

Im Jahre 1956 erlebte Europa erstmals nach dem Krieg eine Benzinkrise. Aus politischen Gründen sperrte Ägypten den Suez-Kanal. Die Tanker aus dem Nahen Osten mussten um Afrika herumfahren. Das brachte zumindest für einige Wochen Benzinknappheit nach Europa. Als Folge achteten die Käufer stärker auf den Benzinverbrauch. Da zudem das Goggomobil dem Lloyd LP 400 harte Konkurrenz lieferte, entschloss sich Borgward, die LP-Karosse – in der Ausstattung stark abgemagert – mit einem 250-cm³-Motor auszustatten. Sogar die Seiten-Innenverkleidungen entfiel. Der LP 250 wurde serienmäßig ohne Rücksitzbank, ohne Stoßstangen, Radkappen und Zierleisten angeboten. Doch das gefiel den Kunden nicht; so brachte Lloyd den LP 250 V (= Vollausstattung) mit der üblichen LP 400-Ausstattung zum Mehrpreis von 370 Mark. Nach nur wenigen Exemplaren stoppte man die Produktion wieder.

Modell	Lloyd LP 250
Bauzeit	März 1956–Nov. 1957
Karosserie	Lim., 4 Sitze
Motor	luft-/gebläsegek. Zweizyl.-Zweitakt
Bohrung/Hub/Hubr.	50/64 mm/250 cm³
Leistung	11 PS bei 5000 U/min
Max. Drehmoment	1,7 mkp bei 3650 U/min
Kraftübertragung	unsynchr. Dreigang-Getr.
Fahrwerk	Ganzstahlkar. in Schalenbauw., Radaufhäng. vo. an 2 Querblattfedern, hi. Pendelachse m. Längsf.
Bremsen	hydr. Vierrad-Trommelbr.
Lenkung	Zahnstangenl.
L x B x H	3355 x 1410 x 1400 mm
Radstand	2000 mm
Spurweite v/h	1050/1150 mm
Leer- / zuläss. Ges.-Gewicht	490/820 kg
Verbrauch	6,0 l/100 km
Höchstgeschwind.	75 km/h
Preis	2.980 DM
Produktionszahlen	3.768 Stück

Lloyd LP 600 Standard

Mit dem LP 600 Standard wagte Lloyd den Schritt vom Zwei- zum Viertakt-Motor. Der Zweizylinder-Viertakt-Reihenmotor wurde von Friedrich Kosche innerhalb von 2 Jahren konstruiert. Er trug schon eine obenliegende Nockenwelle, lief zwar rau, aber war mit 596 cm^3 und 19 PS durchaus leistungsfähig. In der Standard-Version trug er die Karosserie des LP 400 mit dem neuen Viertakter. Der LP 600 hatte äußere Unterschiede: Die vorderen Blinklichter saßen nicht mehr unter den Scheinwerfern, sondern auf den vorderen Kotflügeln. Die hinteren Leuchten saßen ebenfalls auf den hinteren Kotflügeln. Die Heckstoßstange, die beim LP 400 durch das Nummernschild unterbrochen wurde, war beim LP 600 durchgehend. Das Nummernschild saß höher am Kofferraum. Mit 3.580 DM war der LP 600 Standard der preisgünstigste echte Viersitzer am Markt. Der LP 600 läutete in Deutschland den Trend zum 600-cm^3-Fahrzeug ein.

Modell	Lloyd LP 600 Standard
Bauzeit	Juni 1956–Mai 1961
Karosserie	Lim., 4 Sitze
Motor	luft-/gebläsegek. Zweizyl.-Viertakt
Bohrung/Hub/Hubr.	64/77 mm/596 cm^3
Leistung	19 DIN-PS bei 4500 U/min
Max. Drehmoment	3,9 mkp bei 2500 U/min
Kraftübertragung	unsynchr. Dreigang-Getr.
Fahrwerk	Zentralrohrrahmen m. Stahlblech-kar. verschr., vo. zwei Blattf. quer, hi. Halbpendelachsen m. Schraubenf., vo. u. hi. hydr. Teleskopstoßd.
Bremsen	hydr. Vierrad-Trommelbr.
Lenkung	Zahnstangenl.
L x B x H	3355 x 1410 x 1400 mm
Radstand	2000 mm
Spurweite v/h	1050/1100 mm
Leer- / zuläss. Ges.-Gewicht	540/850 kg
Verbrauch	5,5 l/100 km
Höchstgeschwind.	95 km/h
Preis	3.780 DM
Produktionszahlen	176.516 Stück. (inkl. Alex./TS)

Lloyd Alexander

Im Grunde entsprach der Alexander dem LP 600. Im Gegensatz zu ihm besaß er einen von außen zugänglichen Kofferraum samt Klappe mit außenliegenden Scharnieren und – erstmals bei Lloyd – Kurbel-Seitenscheiben mit Dreieck-Ausstellfenstern, stabilere Stoßstangen und den Schriftzug Alexander an der Seite. Die Seitenlinie wurde verziert durch eine Chromleiste. Die Federung wurde weicher, die Sitze dicker, eine Chromleiste zierte die Seiten. Die Vorderradaufhängung wurde modifiziert: die Querblattfeder wurde geändert und stützte sich bei hoher Belastung gegen eine darüberliegende Hilfsfeder ab.

Modell	Lloyd Alexander
Bauzeit	Juli 1957–Mai 1961
Karosserie	Lim., 4 Sitze
Motor	luft-/gebläsegek. Zweizyl.-Viertakt
Bohrung/Hub/Hubr.	64/77 mm/596 cm^3
Leistung	19 DIN-PS bei 4500 U/min
Max. Drehmoment	3,9 mkp bei 2500 U/min
Kraftübertragung	synchr. Dreigang-Getr.
Fahrwerk	Zentralrohrrahmen m. Stahlblechkar. verschr., vo. zwei Blattf. quer, hi. Längsschwingen m. Schraubenf., vo. u. hi. Teleskopstoßd.
Bremsen	hydr. Vierrad-Trommelbr.
Lenkung	Zahnstangenl.
L x B x H	3355 x 1410 x 1400 mm
Radstand	2000 mm
Spurweite v/h	1050/1100 mm
Leer- / zuläss. Ges.-Gewicht	576/750 kg
Verbrauch	6,0 l/100 km
Höchstgeschwind.	95 km/h
Preis	4.058 DM
Produktionszahlen	176.516 Stück (inkl. LP 600, TS)

Lloyd Alexander TS

Der TS hatte eine um 6 PS höhere Motorleistung, erzielt durch Anhebung der Verdichtung und einen anderen Vergaser. Der TS trug eine luxuriösere Ausstattung, z. B. Verbundglasfrontscheibe, asymetrisches Abblendlicht, Scheibenwaschanlage, Lichthupe, Parkleuchte, gepolsterte Sonnenblenden, dickere Sitzpolster. Neu war auch die gepolsterte Armaturenbrett-Oberkante. Dazu kam eine geänderte Hinterachskonstruktion. Sie bestand nun aus gezogenen Längslenkern mit Schraubenfedern und Stabilisator. Äußerlich trug der TS eine über die Wagenbreite gezogene Kühlermaske und dickere Stoßstangen.

Modell	Lloyd Alexander TS
Bauzeit	Sept. 1958–Mai 1961
Karosserie	Lim., 4 Sitze
Motor	luft-/gebläsegek. Zweizyl.-Viertakt
Bohrung/Hub/Hubr.	64/77 mm/596 cm^3
Leistung	25 DIN-PS bei 5000 U/min
Max. Drehmoment	4,0 mkp bei 3000 U/min
Kraftübertragung	synchr. Viergang-Getr.
Fahrwerk	Zentralrohrrahmen m. Stahlblechkar. verschr., vo. zwei Blattf. quer, hi. Längsl. u. Pendelachse, vo. u. hi. Teleskopstoßd.
Bremsen	hydr. Vierrad-Trommelbr.
Lenkung	Zahnstangenl.
L x B x H	3355 x 1410 x 1400 mm
Radstand	2000 mm
Spurweite v/h	1050/1100 mm
Leer- / zuläss. Ges.-Gewicht	540/855 kg
Verbrauch	6,2 l/100 km
Höchstgeschwind.	110 km/h
Preis	–
Produktionszahlen	176.516 Stk. (inkl. LP 600 Alex.)

Lloyd Alexander Frua Coupé

Im November 1958 wurde das Frua-Coupé auf der Mechanik des Alexander TS vorgestellt. Ursprünglich hatte Ghia Aigle auf der Basis des LP 600 ein Stufenheck-Coupé mit zwei Lufthutzen auf der Motorhaube gebaut, doch das gefiel nicht, war aber die Anregung für Pietro Frua, etwas Ähnliches zu entwerfen. Es entstand ein Coupé mit innen weit hochgebogenen Stoßstangen, mit einer Panorama-Frontscheibe, mit Blinklichtern an der äußeren Heckscheibenkante, mit etwas zurückversetzten Scheinwerfern und seitlichen Sicken. Serienmäßig gehörte auch ein italienisches Nardi-Holz-Lenkrad zur Ausrüstung.

Modell	Lloyd Alexander Frua Coupé
Bauzeit	Jan.–Herbst 1959
Karosserie	Coupé, 2+2 Sitze
Motor	luft-/gebläsegek. Zweizyl.-Viertakt
Bohrung/Hub/Hubr.	77/64 mm/596 cm^3
Leistung	25 DIN-PS bei 5000 U/min
Max. Drehmoment	4,0 mkp bei 3100 U/min
Kraftübertragung	synchr. Viergang-Getr.
Fahrwerk	Zentralrohrrahmen m. Ganzstahlkar. verschr., vo. Radaufh. an Querblattf., hi. gezog. Längsl., vo. u. hi. Teleskopstoßd.
Bremsen	hydr. Vierrad-Trommelbr.
Lenkung	Zahnstangenl.
L x B x H	4000 x 1410 x 1280 mm
Radstand	2000 mm
Spurweite v/h	1050/1100 mm
Leer- / zuläss. Ges.-Gewicht	600/855 kg
Verbrauch	6,2 l/100 km
Höchstgeschwind.	110 km/h
Preis	5.980 DM
Produktionszahlen	49 Stück

Lloyd Arabella

Als Konkurrent zum DKW Junior entwickelt, Karosserie mit mehr modischen Attributen. Der Wagen besaß bereits einen Kombischalter für Hupe, Licht und Parklicht. Die vordere Sitzbank rollte bereits auf Gleitlagern. Der Wagen war eine hochmoderne Konstruktion mit Boxermotor. Nach dem Serienstart litt die Arabella aber sehr unter Kinderkrankheiten. Von August 1959 bis 1962 lief die Arabella unter dem Namen Lloyd. Ab August 1960 waren die finanziellen Schwierigkeiten der Borgward-Gruppe bekannt. Die Arabella entstand nun in einer Standard-Version und dem Namen Lloyd sowie unter einer de-Luxe-Version unter dem Namen Borgward. Ab 1962 wurde die Leistung von 38 auf 45 PS heraufgesetzt. Die Arabella besaß schon erste Ansätze von innerer Sicherheit: gepolsterte Sonnenblenden, versenkte Bedienungsknöpfe, in die Dachpartie integrierter Sicherheitsbügel, serienmäßig Verbundglas-Frontscheibe, gepolsterte Armaturenbrett-Ober- und Unterkante, dazu umklappbare Fondsitzlehne.

Modell	Lloyd Arabella
Bauzeit	Aug. 1959–Sept. 1963
Karosserie	Lim., 4 Sitze
Motor	wassergek. Vierzyl.-Viertakt
Bohrung/Hub/Hubr.	69/60 mm/897 cm^3
Leistung	38 DIN-PS bei 4800 U/min
Max. Drehmoment	6,2 mkp bei 2500 U/min
Kraftübertragung	synchr. Viergang-Getr.
Fahrwerk	Zentralrohrrahmen m. Stahlblechkar. verschw., vo. Trapezquerl., hi. gezog. Längsl., vo. u. hi. Teleskopstoßd.
Bremsen	hydr. Vierrad-Trommelbr.
Lenkung	Zahnstangenl.
L x B x H	3808 x 1503 x 1388 mm
Radstand	2200 mm
Spurweite v/h	1200/1200 mm
Leer- / zuläss. Ges.-Gewicht	695/900 kg
Verbrauch	7,7 l/100 km
Höchstgeschwind.	120 km/h
Preis	5.250 DM
Produktionszahlen	47.040 Stk. (inkl. Borgw. Arab.)

Borgward Arabella de Luxe

Die Borgward Arabella de Luxe war die Luxusversion der Lloyd Arabella. Sie unterschied sich von der durch den auf 45 PS gebrachten Motor, durch bessere Ausstattung, eine verchromte Seitenleiste und gummibewehrte Stoßstangenhörner. Am Bug prangte der Borgward-Rhombus.

Modell	Borgward Arabella de Luxe
Bauzeit	Nov. 1960–1963
Karosserie	Lim., 4 Sitze
Motor	wassergek. Vierzyl.-Viertakt
Bohrung/Hub/Hubr.	69/66 mm/897 cm^3
Leistung	45 DIN-PS bei 5300 U/min
Max. Drehmoment	6,5 mkp bei 3500 U/min
Kraftübertragung	synchr. Viergang-Getr.
Fahrwerk	Zentralrohrrahmen m. Ganzstahlkar., vo. doppelte Querl., hi. Längsl., Teleskopstoßd.
Bremsen	hydr. Vierrad-Trommelbr.
Lenkung	Zahnstangenl.
L x B x H	3820 x 1510 x 1395 mm
Radstand	2200 mm
Spurweite v/h	1200/1200 mm
Leer- / zuläss. Ges.-Gewicht	705/1075 kg
Verbrauch	9,0 l/100 km
Höchstgeschwind.	133 km/h
Preis	5.730 DM
Produktionszahlen	47.040 Stk. (inkl. Lloyd Arab.)

Messerschmitt KR 175

Im Dezember 1952 begannen Messerschmitt und Fend die Arbeiten an einem zweisitzigen Kabinenroller, kurz KR genannt. Ein Dreirad mit hinterem Einzelrad und einer seitlich nach rechts hochklappbaren Plexiglashaube sowie verkleideten Vorderrädern. In Serie ging er im März 1953 mit einem 174-cm³-9-PS-Einzylinder-Zweitakter, einem Viergang-Getriebe mit Schaltung an der rechten Seite und einer automatischen Kupplung, die sich in Serie aber nicht bewährte. Das Mobil mit den zwei hintereinander liegenden Sitzen besaß einen gekröpften Motorradlenker. Die Höchstgeschwindigkeit war mit 90, die Dauer-Höchstgeschwindigkeit mit 75 km/h angegeben. Um 1953/54 war der KR 175 eines der beliebtesten Mobile.

Modell	Messerschmidt KR 175
Bauzeit	März 1953–März 1955
Karosserie	Kabinenroller, 2 Sitze
Motor	luft-/gebläsegek. Einzyl.-Zweitakt
Bohrung/Hub/Hubr.	62/58 mm/174 cm³
Leistung	9 DIN-PS bei 5250 U/min
Max. Drehmoment	1,3 mkp bei 4000 U/min
Kraftübertragung	Viergang-Getr., Ratschensch.
Fahrwerk	Stahlrohrrahmen, geschloss. Bodenwanne m. Stahlblechkar. verschw., vo. Dreieck-Querl., hi. Kettenkasten, vo. u. hi. Gummibandf.
Bremsen	mech. Trommelbr. (auf alle Räder)
Lenkung	Achsschenkell.
L x B x H	2820 x 1220 x 1200 mm
Radstand	2030 mm
Spurweite v/h	920/- mm
Leer- / zuläss. Ges.-Gewicht	210/360 kg
Verbrauch	3,0 l/100 km
Höchstgeschwind.	90 km/h
Preis	ab 2.100 DM
Produktionszahlen	19.668 Stück

Messerschmitt KR 200/KR 201

Modell	Messerschmitt KR 200
Bauzeit	Febr. 1955–Dez. 1956
Karosserie	Kabinenroller, 2 Sitze
Motor	luft-/gebläsegek. Einzyl.-Zweitakt
Bohrung/Hub/Hubr.	65/68 mm/191 cm^3
Leistung	10,2 DIN-PS bei 5250 U/min
Max. Drehmoment	2,3 mkp bei 5250 U/min
Kraftübertragung	Viergang-Getriebe
Fahrwerk	Rohrrahmen, Bodenwanne u. Stahlblechkar. verschw., vo. Dreieck-Querl., Gummif., hi. Kettenkasten, vo. u. hi. hydr. Teleskopstoßd.
Bremsen	mech. Trommelbr. (auf alle Räder)
Lenkung	Achsschenkell.
L x B x H	2820 x 1220 x 1200 mm
Radstand	2030 mm
Spurweite v/h	1080/– mm
Leer- / zuläss. Ges.-Gewicht	240/430 kg
Verbrauch	3,5 l/100 km
Höchstgeschwind.	ca. 100 km/h
Preis	2.395 DM
Produktionszahlen	20.840 Stück

Im Februar 1955 erschien der Kabinenroller in verbesserter Form und Technik. Der KR 200 besaß nun Kotflügel mit Radausschnitten, eine gewölbte Frontscheibe, einen größeren Innenraum, hydraulische Stoßdämpfer an allen Rädern, einen größeren Tank und Bedienungsorgane nach Automobilnorm. Der Lenker bestand aus einem gekröpften Lenkknüppel in Elfenbein-Farbe, sowie richtigen Pedalen. Das Viergang-Getriebe hatte einen elektrisch geschalteten Rückwärtsgang. Für die Rückwärtsfahrt wurde der Motor nach Abstellen und Auslaufen im umgekehrten Drehsinn wieder angelassen. Von Februar 1955 bis Dezember 1956 wurden 20.840 Exemplare gebaut. Als der Messerschmitt Konzern 1956 in die roten Zahlen geriet, verkaufte Willy Messerschmitt die Abteilung Autobau an Fritz Fend und seinen Partner Valentin Knott. Der KR 200 durfte fortan den Namen Messerschmitt nicht mehr tragen. Die Firma hieß fortan »Fahrzeug- und Maschinenbau, Regensburg (FMR)« und nannte ihre Modelle FMR.
Der Roadster KR 201 war eine offene Version mit einfachem Faltverdeck zum billigeren Preis. Als aber die Nachfrage immer mehr zum vierrädigen Fahrzeug ging, gab Fend den Autobau auf und spezialisierte sich auf Getränke-Automaten.

Messerschmitt KR 200

Messerschmitt K 106

Kurz bevor sich Willy Messerschmitt von der Kabinenroller-Produktion getrennt hatte, nahm er einen Entwicklungsauftrag eines Schweizer Konsortiums an; das einen 600-cm³-Kleinwagen entwickelt haben wollte. Messerschmitt baute eine kleine Limousine mit verdeckten Hinterrädern, die anfangs mit einem 200-cm³-Motor ausgestattet war, später sollte ein 600-cm³-Motor ins Heck kommen. Die Arbeiten gediehen bis zu fahrbereiten Prototypen, danach verloren die Geldgeber den Mut.

Modell	Messerschmitt K 106
Bauzeit	Juli–Sept. 1956
Karosserie	Lim., 4 Sitze
Motor	luft-/gebläsegek. Einzyl.-Zweitakt
Bohrung/Hub/Hubr.	65/68 mm/191 cm³
Leistung	10,2 DIN-PS bei 5250 U/min
Max. Drehmoment	2,3 mkp bei 5250 U/min
Kraftübertragung	Viergang-Getr.
Fahrwerk	Fahrwerk vo. u. hi. am selbsttrag. Wagenmittelt. (Stahlblechkar.) aufgehängt
Bremsen	hydr. Vierrad-Trommelbr.
Lenkung	Spindelrollenl.
L x B x H	3035 x 1360 x 1300 mm
Radstand	2080 mm
Spurweite v/h	1170/1270 mm
Leer- / zuläss. Ges.-Gewicht	370/650 kg
Verbrauch	4,0 l/100 km
Höchstgeschwind.	95 km/h
Preis	geplant: 4.300 DM
Produktionszahlen	1 Stück

Meyra 55

Der Meyra 55 war als Invalidenfahrzeug konstruiert, besaß aber durch seine Verkleidung durchaus den Charakter eines Kleinwagens. Der Motor hing im Innenraum, die Bedienung war motorradmäßig.
Der 55 wurde weiterentwickelt zu einem richtigen Kleinwagen, anfangs mit Segeltuch-Türen und Plexiglasfenstern. Er besaß eine richtige Frontscheibe und wurde in der Endphase nicht nur Invaliden zum Kauf angeboten. Allerdings führte der Meyra 55 nur ein Schattendasein am Markt.

Modell	Meyra 55
Bauzeit	Juli 1950–Aug. 1952
Karosserie	Roadster, 1 Sitz
Motor	luft-/gebläsegek. Einzyl.-Zweitakt
Bohrung/Hub/Hubr.	87/70 mm/243 cm^3
Leistung	7 DIN-PS bei 3000 U/min
Max. Drehmoment	1,1 mkp bei 2000 U/min
Kraftübertragung	Dreigang-Getr. (Hurth)
Fahrwerk	Stahlblech-Kar. m. Holzrahmen an Stahlrohrrahmen-Chassis verschr., vo. Einzelrad u. Hinterräder an Drehstabf. aufgehängt
Bremsen	mech. Trommelbr. (auf alle Räder)
Lenkung	Motorrad-Direktl.
L x B x H	2520 x 980 x 930 mm
Radstand	2000 mm
Spurweite v/h	1200/1200 mm
Leer- / zuläss. Ges.-Gewicht	200/350 kg
Verbrauch	3,0 l/100 km
Höchstgeschwind.	70 km/h
Preis	2.200 DM
Produktionszahlen	100 Stück

Meyra 200

Der Meyra 200 war der konsequente Schritt zum Kleinwagen. Er besaß eine Fronttür auf der Beifahrerseite. Die Sitzschienen des Beifahrersitzes ließen sich bis ganz an die Türaußenkante schieben, sodass der Einstieg auf den Sitz auch außerhalb des Wagens möglich wurde. Das Dreirad besaß einen großen Innenraum und auf die Hintersitze gelangte man durch Umlegen des Beifahrersitzes.

Modell	Meyra 200
Bauzeit	Okt. 1953–April 1955
Karosserie	Moto-Coupé, 2+2 Sitze
Motor	luft-/gebläsegek. Einzyl.-Zweitakt
Bohrung/Hub/Hubr.	62/66 mm/197 cm^3
Leistung	9,5 DIN-PS bei 4900 U/min
Max. Drehmoment	1,54 mkp bei 3200 U/min
Kraftübertragung	Dreigang-Getr. (Hurth)
Fahrwerk	Kunstleder-überzog. Sperrholzkar. m. Stahlrohrrahmen verschr., hi. Hinterradschw., mech. Teleskopstoßd.
Bremsen	hydr. Trommelbr. (auf alle Räder)
Lenkung	Zahnstangenl.
L x B x H	3500 x 1600 x 1460 mm
Radstand	2140 mm
Spurweite v/h	1400/- mm
Leer- / zuläss. Ges.-Gewicht	350/480 kg
Verbrauch	3,5–4,0 l/100 km
Höchstgeschwind.	70 km/h
Preis	2.500 DM
Produktionszahlen	50 Stück

Meyra 200-2

Der 200-2 trug statt der Holz- nun eine Kunststoffkarosserie, dem Design der Zeit angepasst. Typisch blieb hier wiederum die rechte Fronttür, die den Einstieg selbst für Invaliden ungemein erleichterte. Gegenüber dem Vormodell trug der 200-2 nun autoähnliche Bedienungsinstrumente, wenn es auch für Beinamputierte nach wie vor den Motorradlenker gab.

Modell	Meyra 200-2
Bauzeit	Mai 1958–Nov. 1960
Karosserie	Moto-Coupé, 2+2 Sitze
Motor	luft-/gebläsegek. Einzyl.-Zweitakt
Bohrung/Hub/Hubr.	62/66 mm/197 cm³
Leistung	9,7 DIN-PS bei 4900 U/min
Max. Drehmoment	1,4 mkp bei 3200 U/min
Kraftübertragung	Dreigang-Getr. (Hurth)
Fahrwerk	Polyesterharz-Kar. m. Stahlrohrrahmen verschr., vo. Drehstabf., Spiralf., hi. Hinterradschwinge m. hydr. Teleskopstoßd.
Bremsen	hydr. Trommelbr. (auf alle Räder)
Lenkung	Zahnstangenl.
L x B x H	3430 x 1600 x 1430 mm
Radstand	2140 mm
Spurweite v/h	1420/- mm
Leer- / zuläss. Ges.-Gewicht	380/500 kg
Verbrauch	4,0 l/100 km
Höchstgeschwind.	70 km/h
Preis	3.450,DM
Produktionszahlen	ca. 480 Stück

NSU Prinz I

Weil der Absatz von Motorrädern und Motorrollern schrumpfte, musste auch die größte Zweiradfabrik der Welt an den Bau eines Kleinwagens denken. Schon 1954 hatte NSU ein Dreirad entwickelt, die NSU Kabine, die aber verworfen wurde, weil der Trend zum Vierrad ging. So entwickelte man um 1956 einen vierrädrigen Kleinwagen, zuerst mit 400-, später mit 600-cm³-Motor. Das Besondere daran: er hatte gewölbte hintere Seitenscheiben und eine gerade Heckscheibe. Im Herbst 1957 wurde der Wagen als NSU Prinz I gezeigt und aus Geldmangel erst im März 1958 in Serie genommen.

Modell	NSU Prinz I
Bauzeit	März 1958–Nov. 1960
Karosserie	Lim., 4 Sitze
Motor	luft-/gebläsegek. Zweizyl.-Viertakt
Bohrung/Hub/Hubr.	75/66 mm/583 cm³
Leistung	20 DIN-PS bei 4600 U/min
Max. Drehmoment	4,2 mkp bei 2250 U/min
Kraftübertragung	Viergangklauen-Getr.
Fahrwerk	selbsttrag. Stahlblechkar., vo. dopp. Querl., hi. Pendelachse m. Dreieckquerl., vo. u. hi. Schraubenf. u. hydr. Teleskopstoßd.
Bremsen	hydr. Vierrad-Trommelbr.
Lenkung	Zahnstangenl.
L x B x H	3145 x 1420 x 1370 mm
Radstand	2000 mm
Spurweite v/h	1200/1200 mm
Leer- / zuläss. Ges.-Gewicht	496/840 kg
Verbrauch	5,3 l/100 km
Höchstgeschwind.	105 km/h
Preis	3.645 DM
Produktionszahlen	1.648 Stück

NSU Prinz II (30)

Prinz II mit verbesserter Innenausstattung, außen mehr Chrom (deshalb anfangs auch »Chrom-Prinz« genannt, ein Name, der aber geschützt war und nicht verwendet werden durfte), Prinz 30 zusätzlich wie Prinz II, jedoch mit 30-PS-Triebwerk. Dieses Triebwerk bereitete anfangs große Haltbarkeitsprobleme.

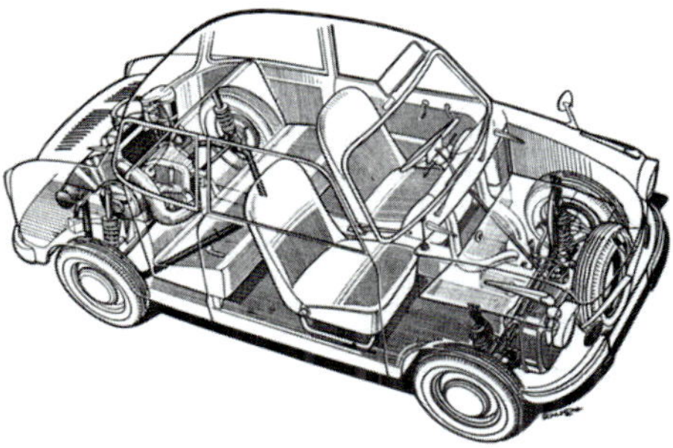

Modell	NSU Prinz II
Bauzeit	März 1958–31.Dez. 1959
Karosserie	Lim., 4 Sitze
Motor	luft-/gebläsegek. Zweizyl.-Viertakt
Bohrung/Hub/Hubr.	75/66 mm/583 cm^3
Leistung	20/30 DIN-PS bei 4600 U/min
Max. Drehmoment	4,2 mkp bei 2250 U/min
Kraftübertragung	Viergangklauen-Getr.
Fahrwerk	selbsttrag. Stahlblechkar., vo. dopp. Querl., hi. Pendelachse m. Dreieckquerl., vo. u. hi. Schraubenf. u. hydr. Teleskopstoßd.
Bremsen	hydr. Vierrad-Trommelbr.
Lenkung	Zahnstangenl.
L x B x H	3145 x 1420 x 1370 mm
Radstand	2000 mm
Spurweite v/h	1200/1200 mm
Leer- / zuläss. Ges.-Gewicht	506/840 kg
Verbrauch	5,3 l/100 km
Höchstgeschwind.	105 km/h
Preis	3.985 DM
Produktionszahlen	31.910 Stück

NSU Prinz III (III-30)

Beim Prinz III fand eine Leistungserhöhung von 20 auf 23 PS durch Verdichtungserhöhung statt, außerdem wurde von Normal- auf Superbenzin gewechselt, der Wagen bekam ein stärkeres Drehmoment und eine höhere Höchstgeschwindigkeit. Änderungen an der Karosserie bewirkten mehr Platz im Fond. Der Prinz 30 entwickelte sich zum kernigen, aber zuverlässigen Kleinwagen mit sportlichem Charakter.
Der Heckmotor-Prinz besaß einen von außen zugänglichen Front-Kofferraum. Das Lenkrad des Prinz lag ungewöhnlich flach.

Modell	NSU Prinz III
Bauzeit	Sept. 1960–Dez. 1962
Karosserie	Lim., 4 Sitze
Motor	luft-/gebläsegek. Zweizyl.-Viertakt
Bohrung/Hub/Hubr.	75/66 mm/583 cm^3
Leistung	23 DIN-PS bei 5000 U/min
Max. Drehmoment	4,3 mkp bei 2850 U/min
Kraftübertragung	Viergang-Vollsynchr.-Getr.
Fahrwerk	selbsttrag. Stahlblechkar., vo. dopp. Querl., hi. Pendelachse m. Dreieckquerl., vo. u. hi. Schraubenf. u. hydr. Teleskopstoßd.
Bremsen	hydr. Vierrad-Trommelbr.
Lenkung	Zahnstangenl.
L x B x H	3145 x 1420 x 1370 mm
Radstand	2000 mm
Spurweite v/h	1200/1200 mm
Leer- / zuläss. Ges.-Gewicht	520/840 kg
Verbrauch	5,5 l/100 km
Höchstgeschwind.	110 km/h
Preis	3.860 DM
Produktionszahlen	15.177 Stück

NSU Sport-Prinz

Auf der Mechanik des Prinz II aufgebautes kleines zweisitziges Schrägheck-Coupé, dessen Karosserielinien der italienische Star-Designer Nuccio Bertone entworfen hatte. Vorbild hierfür war der Verkaufserfolg des Goggomobil-Coupé. Bertone baute in seiner Fabrik anfangs auch die Karosserie. Der Sport-Prinz besaß kleine Andeutungen von Heckflossen, eine gewölbte Frontscheibe und einen halbrunden Tachometer. Aus Qualitäts- und Kostengründen nahm man 1960 die Fertigung in eigene Regie.

Modell	NSU Sport-Prinz
Bauzeit	März 1959–Juni 1962
Karosserie	Coupé, 2+2 Sitze
Motor	luft-/gebläsegek. Zweizyl.-Viertakt
Bohrung/Hub/Hubr.	75/66 mm/583 cm³
Leistung	30 DIN-PS bei 5700 U/min
Max. Drehmoment	4,5 mkp bei 3200 U/min
Kraftübertragung	Viergang-Vollsynchr.-Getr.
Fahrwerk	selbsttrag. Stahlblechkar., vo. dopp. Querl., hi. Pendelachse m. Dreieckquerl., vo. u. hi. Schraubenf. u. Teleskopstoßd.
Bremsen	hydr. Vierrad-Trommelbr.
Lenkung	Zahnstangenl.
L x B x H	3560 x 1520 x 1235 mm
Radstand	2000 mm
Spurweite v/h	1200/1200 mm
Leer- / zuläss. Ges.-Gewicht	565/865 kg
Verbrauch	6,2 l/100 km
Höchstgeschwind.	130 km/h
Preis	6.510 DM
Produktionszahlen	5.676 Stück

NSU Sport-Prinz III

Ab September 1961 erschien eine verbesserte Version des Sport-Prinz mit neuem 598-cm³-Motor (aber gleicher PS-Zahl),mit Stabilisator an der Vorderachse. Äußerlich war er ab 1966 zu erkennen an der strafferen Bugchromleiste und dem geänderten Markenzeichen. Ab Juli 1965 wurde die Sport-Prinz-Produktion verlegt in die renommierte Karosseriefabrik Gustav Drauz in Heilbronn, die NSU zu diesem Zeitpunkt übernommen hatte.

Modell	NSU Sport-Prinz III
Bauzeit	Sept. 1961–Jan. 1968
Karosserie	Coupé, 2+2 Sitze
Motor	luft-/gebläsegek. Zweizyl.-Viertakt
Bohrung/Hub/Hubr.	76/66 mm/598 cm^3
Leistung	30 DIN-PS bei 5500 U/min
Max. Drehmoment	4,5 mkp bei 3250 U/min
Kraftübertragung	Viergang-Vollsynchr.-Getr.
Fahrwerk	selbsttrag. Stahlblechkar., vo. dopp. Querl., hi. Pendelachse m. Dreieckquerl., vo. u. hi. Schraubenf. u. Teleskopstoßd.
Bremsen	hydr. Vierrad-Trommelbr.
Lenkung	Zahnstangenl.
L x B x H	3560 x 1520 x 1235 mm
Radstand	2000 mm
Spurweite v/h	1200/1200 mm
Leer- / zuläss. Ges.-Gewicht	555/875 kg
Verbrauch	5,3 l/100 km
Höchstgeschwind.	130 km/h
Preis	5.690 DM
Produktionszahlen	15.278 Stück

NSU Prinz 4

Beim Prinz 4 handelte es sich um einen komplett neuen Kleinwagen mit längerem Radstand, neuem Motor, mit überkragender Linie nach Art des amerikanischen Heckmotor-Wagens Chevrolet Corvair sowie überkragender gewölbter Front- und Heckscheibe. Außerdem verfügte er über eine selbsttragende Stahlblechkarosserie. Der Prinz 4 wurde Anfang der 60er Jahre ein großer Markterfolg.

Modell	NSU Prinz 4
Bauzeit	Juni 1961–Dez. 1970
Karosserie	Lim., 4 Sitze
Motor	luft-/gebläsegek. Zweizyl.-Viertakt
Bohrung/Hub/Hubr.	76/66 mm/598 cm^3
Leistung	30 DIN-PS bei 5500 U/min
Max. Drehmoment	4,5 mkp bei 3250 U/min
Kraftübertragung	Viergang-Vollsynchr.-Getr.
Fahrwerk	selbsttrag. Stahlblechkar., vo. dopp. Querl., hi. Pendelachse m. Dreieckquerl., vo. u. hi. Schraubenf. u. hydr. Teleskopstoßd.
Bremsen	hydr. Vierrad-Trommelbr.
Lenkung	Zahnstangenl.
L x B x H	3440 x 1490 x 1330 mm
Radstand	2040 mm
Spurweite v/h	1230/1200 mm
Leer- / zuläss. Ges.-Gewicht	555/1000 kg
Verbrauch	5,7 l/100 km
Höchstgeschwind.	120 km/h
Preis	ab 4.650 DM
Produktionszahlen	500.000 Stück

NSU (Prinz) 1000

Um dem Trend zum größeren Auto zu folgen, baute NSU auf dem Prinz 4 auf; er wurde im Radstand verlängert, erhielt einen neuen Vierzylinder-Viertakter – nun mit Rollenkette als Nockenwellen-Antrieb, was eine Abkehr vom NSU-typischen Ultramax-Antrieb bedeutete. Gegen Aufpreis gab es Scheibenbremsen an den Vorderrädern. Als Schmuck erhielt der Prinz 1000 ein breites Chromband an der Front. Doch ein solcher Verkaufserfolg wie der NSU Prinz 4 wurde der 1000 nicht. Der Trend ging weg vom Heckmotor-Wagen. Der NSU Prinz 1000 litt zudem unter dem Kleinwagen-Image, weshalb später der Name Prinz entfiel. Der NSU 1000 entsprach dem Prinz 1000, verfügte jedoch über eine von 43 auf 40 PS reduzierte Leistung, ein neues Markenemblem, eine geänderte Innenausstattung und eine weniger protzige Frontgestaltung. Es zeichnete sich hier der Übergang auf eine schmale Frontzierleiste ab.

NSU Prinz 1000

Modell	NSU Prinz 1000
Bauzeit	1965–1968
Karosserie	Lim., 4 Sitze
Motor	luft-/gebläsegek. Vierzyl.-Viertakt
Bohrung/Hub/Hubr.	69/66,5 mm/996 cm³
Leistung	43 DIN-PS bei 5000 U/min
Max. Drehmoment	7,3 mkp bei 2000 U/min
Kraftübertragung	Viergang-Vollsynchr.-Getr.
Fahrwerk	selbsttrag. Stahlblechkar., vo. dopp. Dreieck-Querl., hi. Einzelradaufhäng. an Schrägl., vo. u. hi. Schraubenf.,
Bremsen	hydr. Teleskopstoßd.
Lenkung	hydr. Vierrad-Trommelbr.
L x B x H	Zahnstangenl.
Radstand	3810 x 1490 x 1364 mm
Spurweite v/h	2250 mm
Leer- / zuläss.	1270/1235 mm
Ges.-Gewicht	640/1020 kg
Verbrauch	6,8 l/100 km
Höchstgeschwind.	135 km/h
Preis	5.490,- DM
Produktionszahlen	ca. 73.264 Stück

Modell	NSU 1000
Bauzeit	Nov. 1966–Dez. 1970
Karosserie	Lim., 4 Sitze
Motor	luft-/gebläsegek. Vierzyl.-Viertakt
Bohrung/Hub/Hubr.	69/66,5 mm/996 cm³
Leistung	40 DIN-PS bei 5500 U/min
Max. Drehmoment	7,0 mkp bei 2500 U/min
Kraftübertragung	Viergang-Vollsynchr.-Getr.
Fahrwerk	selbsttrag. Stahlblechkar., vo. dopp. Dreieck-Querl., hi. Einzelradaufhäng. an Schrägl., vo. u. hi. Schraubenf., hydr. Teleskopstoßd.
Bremsen	hydr. Vierrad-Trommelbr.
Lenkung	Zahnstangenl.
L x B x H	3793 x 1490 x 1364 mm
Radstand	2250 mm
Spurweite v/h	1260/1248 mm
Leer- / zuläss. Ges.-Gewicht	660/1060 kg
Verbrauch	7,0 l/100 km
Höchstgeschwind.	130 km/h
Preis	4.990 DM
Produktionszahlen	–

NSU 1000

NSU 1000 TT

Der NSU 1000 TT ähnelte sehr dem Prinz 1000, kam jedoch mit größerem Hubraum, höherer Verdichtung, breiteren Rädern, einer Sportausstattung, mit Rundinstrumenten und Talbot-Sport-Rückspiegel. Anfangs gab es den 1000 TT nur in Metallicblau. Sehr beliebt war das Auto bei Motorsportler für Rundstrecken- und Flugplatzrennen.
Die Nachfolgeversion ab 1967 besaß einen noch größeren Hubraum, eine noch höhere Verdichtung, Doppel-Vergaser, breitere Räder und eine Sportausstattung. Hoch waren zudem seine Fahrleistungen.

Modell	NSU 1000 TT
Bauzeit	Juni 1967–Dez. 1971
Karosserie	Lim., 4 Sitze
Motor	luft-/gebläsegek. Vierzyl.-Viertakt
Bohrung/Hub/Hubr.	75/66,6 mm/1177 cm^3
Leistung	65 DIN-PS bei 5500 U/min
Max. Drehmoment	9,0 mkp bei 4500 U/min
Kraftübertragung	Viergang-Vollsynchr.-Getr.
Fahrwerk	selbsttrag. Stahlblechkar., vo. dopp. Dreieck-Querl., hi. Einzelradaufhäng. an Schrägl., vo. u. hi. Schraubenf., hydr. Teleskopstoßd.
Bremsen	hydr. Vierrad-Trommelbr.
Lenkung	Zahnstangenl.
L x B x H	3793 x 1490 x 1364 mm
Radstand	2250 mm
Spurweite v/h	1260/1248 mm
Leer- / zuläss. Ges.-Gewicht	685/1060 kg
Verbrauch	8,5 l/100 km
Höchstgeschwind.	155 km/h
Preis	ab 6.250 DM
Produktionszahlen	–

NSU 1000 TTS

Die Rennsport-Version TTS besaß wegen eines neuen Renn-Reglements einen etwas verkleinerten Hubraum und war nun mit Ölkühler noch mehr auf Rennsport getrimmt. Der Wagen verfügte zudem über andere Hinterräder als vorne und leistete in der Rennversion 85 PS. Mit dem TTS feierte NSU große Motorsport-Erfolge in den entsprechenden Klassen. Von 1966 bis etwa 1970 fuhren die NSU TTS den Konkurrenten wie Abarth und den Minis davon.

Modell	NSU 1000 TTS
Bauzeit	Febr. 1967–Aug. 1971
Karosserie	Lim., 4 Sitze
Motor	luft-/gebläsegek. Vierzyl.-Viertakt
Bohrung/Hub/Hubr.	72/66,6 mm/996 cm^3
Leistung	70 DIN-PS bei 6150 U/min
Max. Drehmoment	8,5 mkp bei 5500 U/min
Kraftübertragung	Viergang-Vollsynchr.-Getr.
Fahrwerk	selbsttrag. Stahlblechkar., vo. dopp. Dreieck-Querl., hi. Einzelradaufhäng. an Schrägl., vo. u. hi. Schraubenf., hydr. Teleskopstoßd.
Bremsen	hydr. Vierrad-Trommelbr.
Lenkung	Zahnstangenl.
L x B x H	3793 x 1490 x 1364 mm
Radstand	2250 mm
Spurweite v/h	1285/1248 mm
Leer- / zuläss. Ges.-Gewicht	700/995 kg
Verbrauch	8,5 l/100 km
Höchstgeschwind.	160 km/h
Preis	ab 7.500 DM
Produktionszahlen	–

NSU 110 / 1200

Das NSU-Modell 110 entsprach dem Prinz 1000, kam jedoch mit nochmals verlängertem Radstand, verlängertem Bug und mit im Hubraum vergrößerter Maschine. Mit dem 110 wollte NSU Anschluss in der 1,2-Liter-Klasse finden. Der 110 blieb ein Außenseiter. In dieser Größe und Preislage verlangten die Käufer einen konventionellen Wagen mit Frontmotor und Hinterradantrieb. Die Front überzog ein breites Chromband, bei dem die hochmodernen Rechteck-Scheinwerfer eingearbeitet waren.
Dabei war der 110 durchaus fortschrittlich konzipiert. Er war eines der ersten Autos mit Innenraum-Zwangsentlüftung. Auch die Umbenennung in NSU 1200 mit leichter Modellpflege brachte keinen Verkaufserfolg mehr.

Modell	NSU 110
Bauzeit	Sept. 1965–Mai 1967
Karosserie	Lim., 4 Sitze
Motor	luft-/gebläsegek. Vierzyl.-Viertakt
Bohrung/Hub/Hubr.	72/66,6 mm/1085 cm^3
Leistung	53 DIN-PS bei 5600 U/min
Max. Drehmoment	8,0 mkp bei 2500 U/min
Kraftübertragung	Viergang-Vollsynchr.-Getr.
Fahrwerk	selbsttrag. Stahlblechkar., vo. dopp. Dreieck-Querl., hi. Einzelradaufhäng. an Schrägl., vo. u. hi. Schraubenf., hydr. Teleskopstoßd.
Bremsen	hydr. Vierrad-Trommelbr.
Lenkung	Zahnstangenl.
L x B x H	4000 x 1500 x 1390 mm
Radstand	2440 mm
Spurweite v/h	1280/1248 mm
Leer- / zuläss. Ges.-Gewicht	710/1130 kg
Verbrauch	7,5 l/100 km
Höchstgeschwind.	145 km/h
Preis	ab 5.795 DM
Produktionszahlen	47.252 Stück

NSU-Fiat 500 Weinsberg

Der Fiat 500 Weinsberg war entstanden aus der Idee, dem erfolgreichen Goggomobil-Coupé etwas entgegenzusetzen. Auf der unveränderten Mechanik des italienischen Fiat 500 Nuova entstand im Auftrag der Deutschen Fiat bei der Karosseriefabrik Weinsberg dieses kleine Coupé mit weit über die Scheinwerfer gezogenen Kotflügeln,mit z-förmiger Seitenchromleiste, mit hinterer Panoramascheibe, mit Kurbelfenstern und bunten Lackierungen.
Es gab zudem eine viersitzige Version ohne Panorama-Heckscheibe, aber mit zwei Seitenfenster pro Seite, die »Limousette« genannt wurde.

Modell	NSU-Fiat 500 Weinsberg
Bauzeit	Mai 1961–Sept. 1967
Karosserie	Coupé, 2 Sitze
Motor	luft-/gebläsegek. Zweizyl.-Viertakt
Bohrung/Hub/Hubr.	67,4/70 mm/479 cm^3
Leistung	15 DIN-PS bei 4500 U/min
Max. Drehmoment	2,7 mkp bei 2400 U/min
Kraftübertragung	Viergang-Getriebe.
Fahrwerk	selbsttrag. Stahlblechkar., vo. Dreieck-Querl., hi. Schrägschwinge., vo. u. hi. Teleskopstoßd.
Bremsen	hydr. Vierrad-Trommelbr.
Lenkung	Zahnstangenl.
L x B x H	2970 x 1350 x 1320 mm
Radstand	1840 mm
Spurweite v/h	1121/1135 mm
Leer- / zuläss. Ges.-Gewicht	485/720 kg
Verbrauch	5,0 l/100 km
Höchstgeschwind.	95 km/h
Preis	4.700 DM
Produktionszahlen	6.190 Stück (mit Lim.)

NSU-Fiat 600/770 Jagst

Der NSU/Fiat Jagst 600 war mechanisch identisch mit dem italienischen Fiat 600/770. Der Jagst wurde mit italienischen Teilen in Heilbronn montiert. Es bestanden lediglich Ausstattungs-Unterschiede. Aus der Konkurrenz stach er in der Hauptsache durch seinen laufruhigen, wassergekühlten Vierzylinder-Viertakt-Motor hervor, der recht zuverlässig arbeitete.

Modell	NSU-Fiat 600/770 Jagst
Bauzeit	Sept. 1955–1964
Karosserie	Lim, 2 Sitze
Motor	wassergek. Vierzyl.-Viertakt
Bohrung/Hub/Hubr.	62/63,5 mm/767 cm^3
Leistung	25 DIN-PS bei 4800 U/min
Max. Drehmoment	4,7 mkp bei 3000 U/min
Kraftübertragung	synchr. Viergang-Getriebe.
Fahrwerk	selbsttrag. Stahlblechkar., vo. Radaufh. an Querl., hi. Schrägschwinge., vo. u. hi. Teleskopstoßd.
Bremsen	hydr. Vierrad-Trommelbr.
Lenkung	Zahnstangenl.
L x B x H	3295 x 1395 x 1405 mm
Radstand	2000 mm
Spurweite v/h	1150/1160 mm
Leer- / zuläss. Ges.-Gewicht	605/750 kg
Verbrauch	5,5 l/100 km
Höchstgeschwind.	110 km/h
Preis	–
Produktionszahlen	–

NSU-Fiat HR-3/HR-4

Piero Bonelli, Chef der deutschen Fiat, gab im Frühjahr 1954 den Auftrag an die Karosseriefabrik Weinsberg, einen billig herzustellenden Kleinwagen zu entwickeln. In Erinnerung an Hugo Ratzmann, dem Dresdner Bank-Direktor, der 1928 Fiat zu einer Produktionsstätte in Deutschland verholfen hatte, hieß der Wagen Ratzmann-Wagen. Ein viersitziges Mobil mit Rolldach und unten angeschlagener Fronttür, die nach vorn aufklappte. Im Heck steckte ein 400-cm³-Motor, der die Projekt-Nummer HR-03 trug. Doch den Italienern gefiel der Fronteinstieg ebenso wenig wie der Zweitakt-Motor. Der Nachfolger HR-4 war im Herbst 1954 fertig und besaß ein Rolldach, das eine gewölbte Frontscheibe sowie zwei Scheinwerfer trug. Der Wagen ging nach Turin. Dort wurde er als Projekt CW 01 zum Fiat Nuova 500 weiterentwickelt.

Modell	NSU-Fiat HR-3
Bauzeit	fertig: Juni 1954
Karosserie	Lim, 4 Sitze
Motor	luft-/gebläsegek. Einzyl.-Zweitakt
Bohrung/Hub/Hubr.	2x52/94 mm/396 cm^3
Leistung	11 DIN-PS bei 3000 U/min
Max. Drehmoment	3,6 mkp bei 2000 U/min
Kraftübertragung	Dreigang-Getr. (Getrag)
Fahrwerk	selbsttrag. Stahlblechkar., vo. Einzelradaufh. an Querl., hi. Starrachse., vo. u. hi. Gummirollenf.
Bremsen	mech. Trommelbr.
Lenkung	Zahnstangenl.
L x B x H	2850 x 1356 x - mm
Radstand	1400 mm
Spurweite v/h	1200/1100 mm
Leer- / zuläss. Ges.-Gewicht	450/580 kg
Verbrauch	3,5 l/100 km
Höchstgeschwind.	80 km/h
Preis	unverkäufl.
Produktionszahlen	–

Pinguin

Aus den Autobau-Projekten des Kurt Faust entstand in Herne eine Studiengesellschaft zur Entwicklung eines Dreiradwagens, aus dem später der Ruhr-Fahrzeugbau hervorging. Finanzier war der Landmaschinenvertreter Romanus Müthing. Es entstand ein Dreiradwagen mit Zentralrohrrahmen und Stahlblech-Karosserie. Ein Coupé mit hinterem Einzelrad und 200-cm³-Heckmotor. Im September 1953 feierte der Pinguin sein Debüt. Bei Erprobung zur Serienreife zeigten sich aber schwerwiegende Mängel.

Man engagierte nun den Konstrukteur des Fuldamobils, Norbert Stevenson, der ein komplett neues Fahrzeug auf die Räder stellte. Auf einem Doppelrohrrahmen entstand eine Aluminium-Karosserie mit von außen zugänglichem Front-Kofferraum, mit hinteren Seitenfenstern und hydraulischen Trommelbremsen. Dem Ruhr-Fahrzeugbau,der den Pinguin entwickelt hatte, ging aber nun das Geld aus, das Projekt wurde an die Rotenburger Metallwerke verkauft. Auch die Motorradfabriken Express und Kreidler zeigten Interesse. Im Herbst 1955 wurde alles verschrottet.

Modell	Pinguin
Bauzeit	Debüt: Mai 1954
Karosserie	Coupé, 2+2 Sitze
Motor	luft-/gebläsegek. Einzyl.-Zweitakt
Bohrung/Hub/Hubr.	62/66 mm/197 cm³
Leistung	10 DIN-PS bei 4900 U/min
Max. Drehmoment	1,4 mkp bei 3200 U/min
Kraftübertragung	Dreigang-Getr. (Hurth)
Fahrwerk	Doppelrohrrahmen m. Aluminium-Kar. verschr., vo. Pendelachse m. Federbeinen, hi. gezog. Triebsatzschwinge m. Teleskopstoßd.
Bremsen	hydr. Trommelbr. (auf Vorderräder)
Lenkung	Schneckenrollenl.
L x B x H	3425 x 1420 x 1235 mm
Radstand	2200 mm
Spurweite v/h	1250/- mm
Leer- / zuläss. Ges.-Gewicht	430/550 kg
Verbrauch	5,0 l/100 km
Höchstgeschwind.	80 km/h
Preis	geplant: 3.295 DM
Produktionszahlen	10 Stück

Spatz

Modell	Spatz
Bauzeit	Febr. 1956–Mai 1957
Karosserie	Roadster, 3 Sitze
Motor	luft-/gebläsegek. Einzyl.-Zweitakt
Bohrung/Hub/Hubr.	65/68 mm/191 cm^3
Leistung	10,2 DIN-PS bei 5250 U/min
Max. Drehmoment	2,3 mkp bei 5250 U/min
Kraftübertragung	Viergang-Getr.
Fahrwerk	Zentralrohrrahmen-Chassis m. Kunststoff-Kar. verschr., vo. Einzelradaufhäng., hi. Pendelachse, vo. u. hi. hydr. Teleskopstoßd.
Bremsen	hydr. Trommelbr.
Lenkung	Zahnstangenl.
L x B x H	3300 x 1400 x 1240 mm
Radstand	1950 mm
Spurweite v/h	1160/1160 mm
Leer- / zuläss. Ges.-Gewicht	290/410 kg
Verbrauch	–
Höchstgeschwind.	75 km/h
Preis	2975 DM
Produktionszahlen	859 Stück

Der Spatz war ursprünglich eine Konstruktion des Schwaben Egon Brütsch, der damit erstmals die Idee von der Kunststoff-Schalen-Bauweise erprobte. Die Idee dazu und den Prototyp verkaufte Brütsch 1954 an den Niederbayern Harald Friedrich, der damit die »Bayerischen Automobil-Werke« in Traunreuth gründete. Bei Testfahrten und extremer Belastung zeigte sich aber, dass die in der Kunststoffschale eingegossenen Radaufhängungen ausbrachen. Daraufhin verklagte Friedrich Egon Brütsch, und er gewann. Künftig zahlte er keine Lizenzgebühren mehr an Brütsch. Um sein Projekt zu retten, engagierte Friedrich den früheren Tatra-Chefkonstrukteur Hans Ledwinka, der das Kunststoff-Dreirad zu einem soliden Vierrad-Wagen mit Zentralrohrrahmen und Kunststoff-Karosserie weiterentwickelte.

Der neue Spatz geriet zu einem hübschen Roadster, der allerdings durch die leicht brennbare Karosserie zu einem schlechten Ruf kam. Da es zudem an Service-Stationen fehlte, blieb der Verkaufserfolg hinter allen Erwartungen zurück. Friedrich fand Ende 1956 in der Motorradfabrik Victoria eine potente Firma, die sich zuerst an den Bayerischen Auto-Werken beteiligte und später das gesamte Projekt übernahm. Aus dem Spatz wurde der »Victoria 250« entwickelt.

Staunau K 400/K 750

Der Hamburger Kühlschrank-Fabrikant Karl-Heinz Staunau entdeckte nach dem Krieg schnell den Bedarf an erschwinglichen Autos möglichst im Stil von amerikanischen Straßenkreuzern. Sein Konstrukteur Gerd Krebs baute um 1949 den Staunau K 400 mit Kaufteilen vom Volkswagen und vom Dkw.

Die Karosserie wurde nach dem Vorbild des amerikanischen Buick gestaltet. Die Verarbeitung des Wagens war schlecht, der Wagen war mit dem 400-cm³-Motor völlig untermotorisiert. Die Rohstoffkrise brachte dem Staunau-Werk den Konkurs. Es wurde noch überlegt, das Staunau-Werk als die Europa-Filiale des US-Chrysler-Konzerns weiterzuführen oder den Wagen in Dänemark zu bauen. Vergebens.

Um eine Untermotorisierung zu vermeiden, stattete Staunau sein 4,10-m-Auto mit dem neuen Doppelkolben-Motor von Ilo aus. Doch auch dies konnte den Ruf des Staunau nicht wieder aufpolieren. In der Planung waren bereits eine viertürige Limousine und fertig gebaut für den Firmenchef stand ein Cabriolet bereit.

Modell	Staunau K 400
Bauzeit	April 1950–Febr. 1951
Karosserie	Lim., 4 Sitze
Motor	wassergek. Zweizyl.-Zweitakt
Bohrung/Hub/Hubr.	61/68 mm/389 cm³
Leistung	13 DIN-PS bei 3600 U/min
Max. Drehmoment	2,8 mkp bei 3200 U/min
Kraftübertragung	Dreigang-Getr. (Hurth)
Fahrwerk	selbsttrag. Stahlblech-Kar., vo. Querblattf., Querl., hi. Starrachse m. Drehstabf., hydr. Teleskopstoßd.
Bremsen	hydr. Vierrad-Trommelbr.
Lenkung	Zahnstangenl.
L x B x H	4120 x 1530 x 1460 mm
Radstand	2550 mm
Spurweite v/h	1190/1250 mm
Leer- / zuläss. Ges.-Gewicht	690/1000 kg
Verbrauch	5,5 l/100 km
Höchstgeschwind.	92 km/h
Preis	ab 4.320 DM
Produktionszahlen	64 Stück

Modell	Staunau K 750
Bauzeit	Juli 1950–Febr. 1951
Karosserie	Lim., 4 Sitze
Motor	wassergek. Zweizyl.-Doppelkolb.
Bohrung/Hub/Hubr.	52/88 mm/748 cm³
Leistung	25 DIN-PS bei 3500 U/min
Max. Drehmoment	5,8 mkp bei 2700 U/min
Kraftübertragung	Viergang-Getr.
Fahrwerk	selbsttrag. Stahlblech-Kar., vo. Querblattf., Querl., hi. Starrachse m. Drehstabf., mech. Teleskopstoßd.
Bremsen	hydr. Vierrad-Trommelbr.
Lenkung	Zahnstangenl.
L x B x H	4120 x 1530 x 1450 mm
Radstand	2550 mm
Spurweite v/h	1190/1250 mm
Leer- / zuläss. Ges.-Gewicht	800/1120 kg
Verbrauch	6,6 l/100 km
Höchstgeschwind.	105 km/h
Preis	5.870 DM
Produktionszahlen	16 Stück

Staunau K 750

Trippel SK 10 (TE 106)

Hanns Trippel, während der 30er Jahre Konstrukteur von Schwimmwagen, versuchte sich nach dem Krieg als Konstrukteur von Kleinwagen. Der SK 10 war ein stromlinienförmiges Coupé mit schrägem Heck, mit je einem Seitenfenster pro Seite und stoßstangenloser Front. Im Heck steckte ein Horrex-Motorradmotor.
Die erste Ausführung des SK 10 besaß Sitze nach Art von Kino-Klappsesseln sowie eine Tür auf der rechten Seite, die nach oben schwang und sich faltete. Trippel ließ sich diese Türart patentieren. Für den Wagen selbst fand sich kein Lizenznehmer.
Die Version »SK 10 Sport« besaß eine stärkere Zündapp-Maschine, die dem Wagen zu erstaunlichen 140 km/h Höchstgeschwindigkeit verhalf. Der SK 10 besaß nun Rundinstrumente und vordere Einzelsitze. Zu einer Serienfertigung kam es dennoch nicht.

Modell	Trippel Sk 10
Bauzeit	Debüt: 5. Mai 1950
Karosserie	Coupé, 3 Sitze
Motor	luft-/gebläsegek. Einzyl.-Zweitakt
Bohrung/Hub/Hubr.	-/597 cm^3
Leistung	18 DIN-PS bei 4000 U/min
Max. Drehmoment	1,0 mkp bei 2900 U/min
Kraftübertragung	Dreigang-Getr. (Hurth)
Fahrwerk	selbsttrag. Stahlblech-Kar., vo. geschob./hi. gezog. Längsschwingen, vo. u. hi. Gummitorsionsf.
Bremsen	hydr. Vierrad-Trommelbr.
Lenkung	Zahnstangenl.
L x B x H	3000 x 1200 x 1100 mm
Radstand	1900 mm
Spurweite v/h	870/870 mm
Leer- / zuläss. Ges.-Gewicht	300/500 kg
Verbrauch	3,2 l/100 km
Höchstgeschwind.	95 km/h
Preis	geplant: 2.000 DM
Produktionszahlen	3 Stück

Trippel 750

Trippel entwickelte seinen SK 10 weiter. Der Wagen erhielt eine neu geformte Karosserie aus Kunststoff, dazu eine um die Ecke gezogene, gewölbte Frontscheibe, In den Bug setzte Trippel nun den Dreizylinder-Zweitakt-Motor von Heinkel. Neu waren auch die Radaufhängungen. Das gefällige Coupé fand auch gebührende Aufmerksamkeit.
Der Trippel 750 wurde 1955 in Lizenz in Belgien bei »Etablissements Willord« gebaut. In Deutschland fand sich 1957 der frühere Verkaufsdirektor von Messerschmitt, Kirchhammer, der mit diesem Wagen ein ganzes Händler-Netz aufbauen wollte. Kirchhammer verpflichtete sich gegenüber der Anhängerfabrik Weidner, alle produzierten Exemplare aufzukaufen. Unter dieser Bedingung erklärten sich die Brüder Weidner bereit, eine kleine Automobilfertigung aufzuziehen. Aus dem Trippel 750 entstand der Weidner Condor.

Modell	Trippel 750
Bauzeit	Debüt: 1956
Karosserie	Coupé, 2+2 Sitze
Motor	wassergek. Dreizyl.-Zweitakt
Bohrung/Hub/Hubr.	66/65 mm/677 cm^3
Leistung	26 DIN-PS bei 4000 U/min
Max. Drehmoment	6,75 mkp bei 3500 U/min
Kraftübertragung	synchr. Viergang-Getr.
Fahrwerk	Kunststoff-Kar. m. Zentralrohrrahmen verschr., vo. u. hi. Längsschwingarme m. Gummitorsionsf.
Bremsen	hydr. Vierrad-Trommelbr.
Lenkung	Zahnstangenl.
L x B x H	3850 x 1500 x 1230 mm
Radstand	2040 mm
Spurweite v/h	1370/1370 mm
Leer- / zuläss. Ges.-Gewicht	600/900 kg
Verbrauch	6,0 l/100 km
Höchstgeschwind.	136 km/h
Preis	–
Produktionszahlen	2 Stück

Veritas Dyna-Veritas

Modell	Veritas Dyna-Veritas
Bauzeit	1950/51–1962
Karosserie	Coupé, 4 Sitze
Motor	luft-/gebläsegek. Zweizyl.-Viertakt
Bohrung/Hub/Hubr.	79,5/75 mm/744 cm^3
Leistung	28 DIN-PS bei 5000 U/min
Max. Drehmoment	5,2 mkp bei 3200 U/min
Kraftübertragung	synchr. Viergang-Getr.
Fahrwerk	Ganzstahl-Kar., vo. zwei Querblattf., hi. V-förmige Starrachse m. Federstäben, vo. u. hi. hydr. Teleskopstoßd.
Bremsen	hydr. Vierrad-Trommelbr.
Lenkung	Zahnstangenl.
L x B x H	3900 x 1450 x 1380 mm
Radstand	2180 mm
Spurweite v/h	1220/1220 mm
Leer- / zuläss. Ges.-Gewicht	720/1100 kg
Verbrauch	6,5 l/100 km
Höchstgeschwind.	116 km/h
Preis	9.900 DM
Produktionszahlen	169 Stück

Der Dyna-Veritas war der Kleinwagen der Rennwagenfirma Veritas. Er entstand aus der engen Verbindung zur französischen Besatzungsmacht, die für Veritas die Kontakte zu dem französischen Autofabrikanten Paul Panhard knüpfte. Panhard lieferte Motor und Fahrgestellteile zum Dyna-Veritas, die identisch waren mit dem Panhard Dyna. Die Karosserie baute die schwäbische Karosseriefirma Karl Baur in Stuttgart, die wiederum dafür viele Fertigteile aus dem Karosseriebau für die Auto Union verwendete. Neben dem Coupé und Cabriolet gab es als Prototyp von Baur bereits einen Veritas als viersitzige Limousine sowie einen türlosen Roadster »RS« mit leistungsgesteigertem Motor als Prototyp. Beide Modelle blieben Einzelstücke. Als die Firma Veritas Ende 1950 in Konkurs ging, ruhte auch die Produktion des Dyna-Veritas.
Im Januar 1951 übernahm der Veritas-Direktor Lorenz Dietrich aus der Konkursmasse die Produktion des Dyna-Veritas und führte sie in Eigenregie noch einige Monate in Baden-Baden fort, ehe die Produktion endgültig versiegte.

Victoria 250

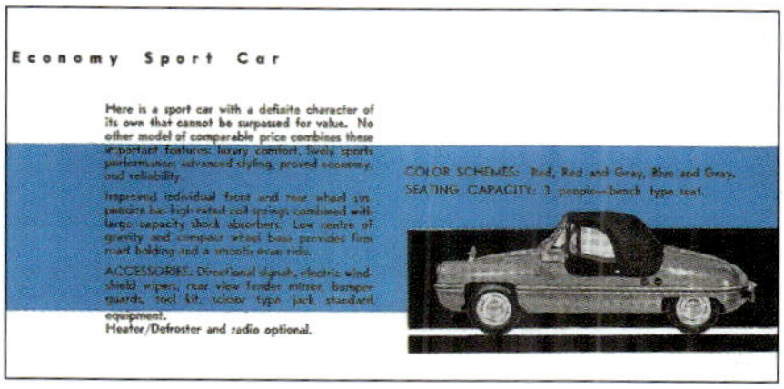

Modell	Victoria 250
Bauzeit	Juni 1957–Febr. 1958
Karosserie	Roadster, 3 Sitze
Motor	luft-/gebläsegek. Einzyl.-Zweitakt
Bohrung/Hub/Hubr.	67/70 mm/248 cm^3
Leistung	14 DIN-PS bei 5200 U/min
Max. Drehmoment	2,03 mkp bei 4650 U/min
Kraftübertragung	elektr.-mech. Fünfgang
Fahrwerk	Zentralrohrrahmen-Chassis m. Kunststoff-Kar. verschr., vo. Einzelradaufh. an Kurbellenk., hi. Pendelachse an dreieckf. Lenkern, vo. u. hi. hydr. Teleskopstoßd.
Bremsen	hydr. Trommelbr.
Lenkung	Zahnstangenl.
L x B x H	3360 x 1450 x 1240 mm
Radstand	1950 mm
Spurweite v/h	1160/1200 mm
Leer- / zuläss. Ges.-Gewicht	425/690 kg
Verbrauch	5,3 l/100 km
Höchstgeschwind.	97 km/h
Preis	2.975 DM
Produktionszahlen	729 Stück

Von Harald Friedrich hatten die Victoria-Werke in Nürnberg die Bayerischen Automobil-Werke (BAG) in Traunreuth übernommen. Der BAG Spatz wurde zum Victoria 250 und zum Dreisitzer mit einteiliger gebogener Frontscheibe weiterentwickelt. In der Hauptsache erhielt der Victoria den stärkeren 250-cm^3-Motor aus eigenem Haus, sowie einen Kastenrahmen statt des Zentralrohrrahmens. Die überarbeitete Kunststoff-Karossserie erhielt eine einteilige gewölbte Frontscheibe. Nachdem der Verkauf nicht anlaufen wollte, entschloss sich Victoria den Wagen aus dem Programm zu nehmen und zu verkaufen. Ein Käufer wollte den Victoria dann als »Burgfalke« wieder aufleben lassen, doch auch das scheiterte.

Weidner Condor S-70

Willi Kirchhammer war in den letzten Kriegstagen Direktor bei Messerschmitt gewesen und wollte nun eine Vertriebsorganisation für Automobile aufziehen. Er nahm Kontakt zu Trippel auf und fuhr mit dem 750 zu den Brüdern Fritz und Reinhold Weidner nach Schwäbisch Hall. In der Anhängerfabrik sollte der Sportwagen in Serie gebaut werden. Kirchhammer verpflichtete sich, alle gebauten Exemplare abzunehmen. Auf dem Genfer Autosalon 1957 feierte der Weidner als »Condor« seine Premiere. Der Name war geschützt, so wurde er S-70 getauft. Doch mit einem Preis von 7500 DM war der Wagen gegenüber dem VW Karmann Ghia zu teuer. Im Dezember 1958 lief die Serie nach nur 200 Exemplaren aus.

Modell	Weidner Condor S-70
Bauzeit	März 1957–Dez. 1958
Karosserie	Coupé, 2+2 Sitze
Motor	wassergek. Dreizyl.-Zweitakt
Bohrung/Hub/Hubr.	66/66 mm/677 cm^3
Leistung	32 DIN-PS bei 5200 U/min
Max. Drehmoment	6,3 mkp bei 3200 U/min
Kraftübertragung	vollsynchr. Viergang
Fahrwerk	Kunststoff-Kar. m. Zentralrohrrahmen verschr., vo. u. hi. Längsschwingarme m. Gummitorsionsf. u. hydr. Teleskopstoßd.
Bremsen	hydr. Vierrad-Trommelbr.
Lenkung	Einfingerspindell.
L x B x H	3860 x 1620 x 1300 mm
Radstand	2040 mm
Spurweite v/h	1200/1200 mm
Leer- / zuläss. Ges.-Gewicht	720/950 kg
Verbrauch	7,0 l/100 km
Höchstgeschwind.	135 km/h
Preis	7.500 DM
Produktionszahlen	ca. 200 Stück

Wendax Aero WS 700

Die Hamburger Draisinenfabrik Dr. Alpers entdeckte nach Kriegsende den Automobilbau. Schon seit 1937 baute sie Lastendreiräder für Kleingewerbetreibende. 1949 stellte sie den Roadster WS 700 vor, einen offenen Wagen in Pontonform ohne Türen und mit Einradantrieb. Der WS 700 erregte viel Aufsehen – er war der erste deutsche Wagen in Pontonform – noch vor dem Borgward Hansa 1500. Der Erfolg dieses Wagens ermunterte den Dr. Alpers Draisinenbau dazu, auch eine Limousine im Mittelklasseformat, jedoch mit Kleinwagenmotor in Angriff zu nehmen.

Modell	Wendax Aero WS 700
Bauzeit	Juni 1949–Sept. 1950
Karosserie	Roadster, 2 Sitze
Motor	wassergek. Zweizyl.-Zweitakt
Bohrung/Hub/Hubr.	61/68 mm/398 cm^3
Leistung	11,5 DIN-PS bei 3600 U/min
Max. Drehmoment	2,6 mkp bei 3200 U/min
Kraftübertragung	Dreigang-Getr. (Hurth)
Fahrwerk	Profilrahmen-Chassis m. Stahlblech-Kar. verschr., vo. u. hi. Längeschwingarme m. Drehstabf.
Bremsen	mech. Trommelbr. (auf Hinterräder)
Lenkung	Zahnstangenl.
L x B x H	3700 x 1470 x 1250 mm
Radstand	2200 mm
Spurweite v/h	1220/1220 mm
Leer- / zuläss. Ges.-Gewicht	550/700 kg
Verbrauch	5,5 l/100 km
Höchstgeschwind.	86 km/h
Preis	4.750 DM
Produktionszahlen	ca. 19 Stück

Wendax WS 750

Der Draisinenbau Dr. Alpers baute ab 1949 eine 4,10 m lange Limousine mit vier gegenläufig zu öffnenden Türen, wuchtiger Motorhaube sowie ohne B-Säule zwischen den Türen. Die Karosseriefirma Böbel in Laupheim lieferte Aufbauten in jämmerlicher Qualität. Das ganze Auto wurde hauptsächlich mit Kaufteilen zusammenmontiert. Die Garantie für den Wagen bezog sich auf 5000 km, statt der damals schon üblichen 10.000 km.
Den Qualitätsstandard erfüllte besonders der 750-cm³-Ilo-Motor nicht, der sich als ganz besonders rau im Lauf erwies. Im Oktober 1951 musste Dr. Alpers den Vergleich anmelden und seine Firma schließen.

Modell	Wendax WS 750
Bauzeit	Juli 1950–Okt. 1951
Karosserie	Lim./Cabr.: 4/2 Sitze
Motor	wassergek. Zweizyl.-Zweitakt
Bohrung/Hub/Hubr.	2x52/88 mm/748 cm³
Leistung	25 DIN-PS bei 3500 U/min
Max. Drehmoment	5,8 mkp bei 2700 U/min
Kraftübertragung	synchr. Viergang-Getr.
Fahrwerk	Profilrahmen, Stahlblech-Kar., vo. Querblattf., hi. Längsl., Drehstabf., Teleskopstoßd.
Bremsen	hydr. Vierrad-Trommelbr.
Lenkung	Zahnstangenl.
L x B x H	4140 x 1470 x 1360 mm
Radstand	2650 mm
Spurweite v/h	1220/1000 mm
Leer- / zuläss. Ges.-Gewicht	850/700 kg
Verbrauch	6,5 l/100 km
Höchstgeschwind.	95 km/h
Preis	5.750 DM
Produktionszahlen	ca. 70 Stück

Zündapp Janus 250

Der Zündapp Janus ging mit großen Vorschuss-Lorbeeren in die Serien-Produktion. Gegenüber dem Prototyp hatte sich vor allem geändert, dass die feststehenden Seitenscheiben großen Schiebefenstern Platz machen mussten. Dafür entfiel das serienmäßige Stoff-Rolldach. Es zeigte sich, dass der kleine 250-cm³-Motor zu schwach für den Janus war. Zudem mochten die Kunden das Konzept der Front- und Hecktür nicht. Sie strebten schon zum richtigen Auto mit Bug und Kofferraum-Box.
Schon zu Serienbeginn war abzusehen, dass dem Zündapp-Auto kein Erfolg beschieden war. Im Oktober 1958 endete die Serienproduktion, die Ersatzteil-Versorgung übernahm übrigens der Goggomobil-Fabrikant Glas.

Modell	Zündapp Janus 250
Bauzeit	Juni 1957–Okt. 1958
Karosserie	Motocoupé, 4 Sitze
Motor	luftgek. Einzyl.-Zweitakt
Bohrung/Hub/Hubr.	67/70 mm/248 cm³
Leistung	14 DIN-PS bei 5000 U/min
Max. Drehmoment	2,15 mkp bei 4800 U/min
Kraftübertragung	Viergang-Ziehkeil-Getr.
Fahrwerk	selbsttrag. Stahlblechkar., vo. geschob. Schwingen, hi. Pendelachse, vo. u. hi. Federbeine
Bremsen	hydr. Vierrad-Trommelbr.
Lenkung	Zahnstangenl.
L x B x H	2890 x 1470 x 1400 mm
Radstand	1825 mm
Spurweite v/h	1150/1180 mm
Leer- / zuläss. Ges.-Gewicht	425/725 kg
Verbrauch	5,2 l/100 km
Höchstgeschwind.	85 km/h
Preis	3.290 DM
Produktionszahlen	6.900 Stk.

Zum Weiterlesen aus dem Motorbuch-Verlag

NSU-Automobile
Alles, was man als Liebhaber der Geschichte gewordenen Autos wissen muss – und so manches darüber hinaus. Vom belgischen Pipe, der 1905 in Lizenz gebaut wurde bis zum Wankelmotor von 1967 und dem K70.

128 Seiten
Format 140 x 205 mm

ISBN 978-3-613-02867-8
€ 9,95/sFr 14,00/€ (A) 10,30

BMW
1945 neu gegründet, gehört BMW heute zu den berühmtesten Automarken überhaupt. Der deutsche Premiumhersteller, der im Jahr 1958 beinahe von Daimler-Benz aufgekauft worden wäre, ist heute aktiv und attraktiv wie nie.

128 Seiten
Format 140 x 205 mm

ISBN 978-3-613-02887-6
€ 9,95/sFr 14,00/€ (A) 10,30

Porsche
Den Porsche-Entwicklern in Weissach gehen die Ideen bestimmt auch in Zukunft nicht aus. 356, 911, die Vier- und Achtzylinder, Boxster, Cayenne und Panamera: Hier wird die komplette Vielfalt präsentiert.

128 Seiten
Format 140 x 205 mm

ISBN 978-3-613-03141-8
€ 9,95/sFr 14,00/€ (A) 10,30

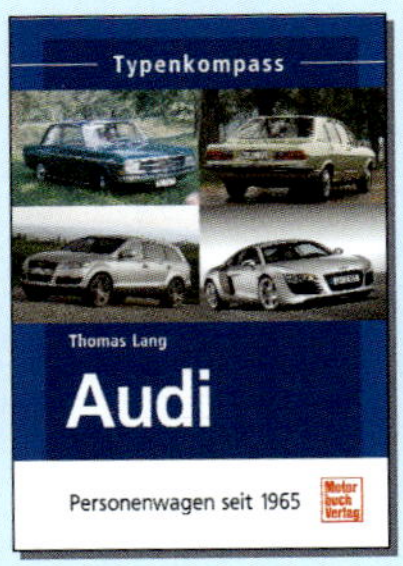

Audi
Audi, die Marke mit den vier Ringen, gehört heute zu den Kronjuwelen im deutschen Automobilbau. Hier fahren alle Modelle der Nachkriegszeit aus der innovativen bayerischen Fahrzeugschmiede noch einmal vor.

128 Seiten
Format 140 x 205 mm

ISBN 978-3-613-03199-9
€ 9,95/sFr 14,00/€ (A) 10,30

IHR VERLAG FÜR AUTO-BÜCHER
Postfach 10 37 43 · 70032 Stuttgart
Telefon 01805/00 41 55* · Fax 01805/95 97 29*
www.motorbuch-verlag.de
*0,14 €/Min. aus dem deutschen Festnetz, max. 0,42 €/Min. aus Mobilfunknetzen

Motor buch Verlag

Stand Juni 2012
Änderungen in Preis
und Lieferfähigkeit vorbehalten